课堂实录

3ds Max / VRay
室内设计实战课堂实录

刘志珍 / 编著

U0317181

清华大学出版社
北京

内 容 简 介

本书定位于3ds Max2012与VRay进行室内效果图设计与制作。由专业设计师及教学专家倾力奉献，内容涵盖室内效果图理论基础、3ds Max模型的搭建、调制材质、模型调入、摄影机、灯光、渲染输出以及后期处理，案例包括各种室内家具模型的制作、客厅效果图、卧房效果图、书房效果图、厨房效果图等，案例全部来源于工作一线与教学实践，全书以课堂实录的形式进行内容排排，专为教学及自学量身定做，在附带的DVD光盘中包含了书中相关案例的素材文件、源文件和多媒体视频教学文件。

本书非常适合使用3ds Max2012与VRay制作室内效果图的初中级读者自学使用，特别定制的视频教学让你在家享受专业级课堂式培训，也可以作为相关院校的教材和培训资料使用。

图书在版编目(CIP)数据

3ds Max/VRay室内设计实战课堂实录 / 刘志珍编著. —北京：清华大学出版社，2014 (2021.7 重印)
(课堂实录)
ISBN 978-7-302-31212-3

Ⅰ.①3… Ⅱ.①刘… Ⅲ.①室内装饰设计—计算机辅助设计—三维动画软件—教材
Ⅳ.①TU238-39

中国版本图书馆CIP数据核字(2013)第008186号

责任编辑：陈绿春
封面设计：潘国文
责任校对：徐俊伟
责任印制：宋 林

出版发行：清华大学出版社
   网 址：http://www.tup.com.cn，http://www.wqbook.com
   地 址：北京清华大学学研大厦A座 邮 编：100084
   社 总 机：010-62770175 邮 购：010-83470235
   投稿与读者服务：010-62776969，c-service@tup.tsinghua.edu.cn
   质 量 反 馈：010-62772015，zhiliang@tup.tsinghua.edu.cn
印 装 者：三河市龙大印装有限公司
经 销：全国新华书店
开 本：188mm×260mm 印 张：19   字 数：527千字
      (附DVD1张)
版 次：2014年3月第1版 印 次：2021年7月第7次印刷
定 价：49.00元

产品编号：045981-01

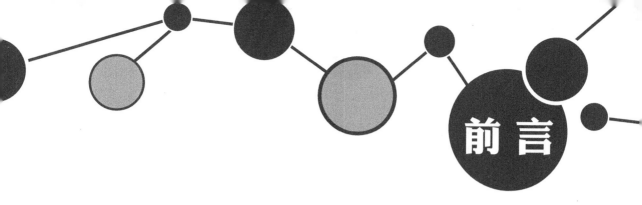

前 言

3ds Max因其强大的三维设计功能而受到广大建筑、装潢设计行业的青睐，已经成为当前效果图制作的主流软件。本书介绍了使用3ds Max制作室内效果图的全过程，是一本室内效果图的教学课堂实录。本书的前半部分注重介绍基本知识，包括3ds Max 、VRay的基本使用方法和效果图的基本理论；后半部分则通过经典的实例介绍了不同室内效果图制作的具体思路和方法，其中贯穿了作者在实际工作中得出的实战技巧和经验。

本书主要内容：

第1课介绍室内效果图理论基础，包括室内设计和室内效果图、室内效果图的发展、室内效果图的制作标准、常用室内效果图制作软件、室内效果图的制作流程、VRay在室内效果图中的应用。

第2课为初识3ds Max 2012，包括3ds Max 2012新增功能、3ds Max的工作界面、自定义视图布局、设置右键菜单、使用3ds Max制作小实例。

第3课讲解如何创建三维模型，包括创建标准几何体、创建扩展基本体、创建复合对象、对象的变换操作、制作简单的室内小造型。

第4课介绍修改三维几何体，包括弯曲、锥化、扭曲、晶格、贴图置换、编辑多边形、使用修改命令制作室内小造型。

第5课讲解如何绘制二维图形，包括使用Auto CAD图纸、绘制图形、可编辑样条线的使用、调整顶点、调整样条线、调整样条线、绘制铁艺。

第6课介绍将二维图形转换为三维图形，包括挤出、倒角、车削、倒角剖面、放样、制作瓦罐。

第7课介绍创建室内家具模型，包括制作小台灯、制作休闲椅、制作液晶电视、制作烛台、制作办公桌、制作吧台。

第8课介绍材质基础，包括材质编辑器、标准材质、复合材质。

第9课讲述常见室内家具材质的设置，包括理想的漫反射表面材质、光滑表面材质、透明类玻璃材质、凹凸表面类材质、高反光金属材质。

第10课讲述灯光与摄影机的使用，包括灯光的类型、灯光的使用原则、常见的灯光设置方法、摄影机的设置、摄影机特效。

第11课讲解效果图的渲染，包括渲染的概念、渲染器的使用、高级光能的使用、渲染元素。

第12课介绍VRay渲染器，包括VRay简介、V-Ray的使用流程、V-Ray物体、V-Ray渲染器参数。

第13课介绍V-Ray基本操作，包括设置主光源、设置补光、预览渲染、渲染光子图、渲染ID彩图、渲染最终效果图。

第14课讲述V-Ray材质的应用，包括VRayMtl材质、其他V-Ray材质、V-Ray贴图。。

第15课讲述V-Ray灯光和摄影机的应用，包括V-Ray灯光、VRayIES光源、V-Ray太阳、V-Ray穹顶摄影机、V-Ray物理摄像机。

第16课到第19章分别以实例的形式介绍了客厅效果图，卧室效果图、书房效果图以及厨房效果图的过程。制作过程涵盖设计理念、制作流程分析、空间模型的搭建、调制材质、模型调入丰富空间、设置摄影机、设置灯光、渲染输出以及后期处理。

本书具有以下特点。

1．专业设计师及教学专家倾力奉献。从制作理论入手，案例全部来源于工作一线与教学实践。

2．专为教学及自学量身定做。以课堂实录的形式进行内容编排，包含了41个相关视频教学文件。

3．超大容量光盘。本书配备了DVD光盘，包含了案例的多媒体语音教学文件，使学习更加轻松、方便。

4．完善的知识体系设计。涵盖了3ds Max模型的搭建、调制材质、模型调入、摄影机、灯光、渲染输出以及后期处理等。

本书由刘志珍编著。参加编写的还包括：郑爱华、郑爱连、郑福丁、郑福木、郑桂华、郑桂英、郑海红、郑开利、郑玉英、郑庆臣、郑珍庆、潘瑞兴、林金浪、刘爱华、刘强、刘志珍、马双、唐红连、谢良鹏、郑元君。

目录

第9课　常见室内家具材质的设置

第10课　灯光与摄影机的使用

第11课　效果图的渲染

第12课　VRay渲染器

第17课 制作卧室效果图

第18课 制作书房效果图

第19课 制作厨房效果图

第1课
室内效果图理论基础

本课内容：

- 室内设计和室内效果图
- 室内效果图的制作标准
- 常用室内效果图制作软件
- 室内效果图的制作流程
- VRay在室内效果图中的应用

1.1 室内设计和室内效果图

1.1.1 室内设计

室内设计是根据建筑物的使用性质、所处环境和相应标准，运用物质技术手段和建筑美学原理，创造功能合理、舒适优美、满足人们物质和精神生活需要的室内环境。这一空间环境既具有使用价值，满足相应的功能要求，同时也反映了历史文脉、建筑风格、环境气氛等精神因素。

现代室内设计既有很高的艺术性要求，又有很高的技术含量，并且与一些新兴学科，如人体工程学、环境心理学、环境物理学等关系极为密切。现代室内设计已经在环境设计中发展成为独立的新兴学科。如图1.1所示为室内设计作品。

图1.1 室内设计

1.1.2 室内效果图

效果图是设计方案的一部分，在进行设计的时候，总是不知不觉地把重点放到效果图中。室内效果图是效果图制作的一个重要组成部分，随着室内设计、装潢业的发展，人们对室内效果图的重视程度也越来越高。通过室内设计效果图，可以准确、真实地以艺术性的形式表现室内空间的布局、风格等。室内效果图具备以下几个特点与要求：

（1）准确性

表现的效果必须符合室内装饰设计的造型要求。准确性是效果图的生命线，决不能脱离实际的尺寸而随心所欲地改变形体和空间的限定，也不能完全背离客观的设计内容而主观片面地追求画面的某种"艺术趣味"或者错误地理解设计意图，准确性始终是第一位的。如图1.2所示。

图1.2 室内效果图

（2）说明性

能明确表示室内材料的质感、色彩、植物特点、家具风格、灯具位置与造型、饰物位置等，如图1.3所示。

（3）真实性

造型表现要素符合基本规律，空间气氛要营造真实的感觉，形体光影、色彩的处理要遵循透视学和色彩学的基本规律与规范。灯光色彩、绿化及人物点缀等方面也都必须符合设计师所设计的效果和气氛，如图1.4所示。

图1.3　室内效果图

（4）艺术性

一幅室内效果图的艺术魅力必须建立在真实性和科学性的基础上，也必须建立在造型艺术的严格基本功训练基础上。绘画方面的素描、色彩训练、构图知识、质感光感调子的表现、空间气氛的营造、点线面构成规律的运用、视觉图形的感受等方法与技巧必然增强效果图的艺术感染力。在真实的前提下合理的适度夸张、概括与取舍也是必要的。罗列所有的细节只能给人以繁杂的感觉，不分主次而面面俱到只能让人感到平淡，选择最佳的表现角度、最佳的光线配置、最佳的环境气氛，本身就是一种创造，也是设计本身的进一步深化，如图1.5所示。

图1.4　室内效果图

图1.5　室内效果图

1.2 室内效果图的发展

在人类建筑活动的初始阶段，人们就已经开始对"使用和氛围"、"物质和精神"两方面的功能同时给予关注。商朝的宫室，从出土遗址显示，建筑空间秩序井然、严谨规整，宫室里装饰着彩色木料，雕饰白石，柱下置有云雷纹的铜盘；秦时的阿房宫和西汉的未央宫，虽然宫室建筑已荡然无存，但从文献的记载，从出土的瓦当、器皿等实物的制作，以及从墓室石刻精美的窗棂、栏杆的装饰纹样来看，毋庸置疑，当时的室内装饰已经相当精细、华丽。

我国各类民居，如北京的四合院、四川的山地住宅、云南的"一颗印"、傣族的干阑式住宅，以及上海的里弄建筑等，在体现地域文化的建筑形体和室内空间组织、在建筑装饰的设计与制作等许多方面，都有极为宝贵的、可供我们借鉴的成果。如图1.6所示。

1993年出现了3ds Max的前身3DS，后来逐渐发展为3ds Max，还出现了Photoshop的前身Photostyler，使后期图片处理成为可能。从此室内设计效果图逐渐走向计算机化，由于技巧套路的不断成熟，绘制效果图的任务逐渐从设计师转移到绘图员，大多数绘图员仅仅变成了匠人而已。现在的室内设计效果图已经不是原来那种只把房子建起，东西摆放就可以的时代了。随着三维技术软件的成熟，从业人员的水平越来越高，现在的室内设计效果图基本可以与装修实景图媲美。现在的室内设计效果图及建筑设计效果图对美感的要求越来越高。色彩的搭配及对材质的真实反映都上了一个台阶。我们已经告别了丑陋的三维模块，迎接我们的是更漂亮、更真实的三维世界。如图1.7所示。

图1.6 室内效果图

图1.7 室内效果图

1.3 室内效果图的制作标准

▌1.3.1 空间要素

在许多设计中，不同的空间结构万维穿插、渗透，有分有合。在一些设计中，各种空间的排列严整而有序，犹如音乐中的旋律。所有这些都要求效果图制作人员对设计的本身有十分透彻的理解，把握好构建形体与空间结构之间的关系，要勇于探索时代、技术赋于空间的新形象，不要拘泥于过去形成的空间形象。这样才可能选取场景中的适当视点、视角和透视焦距，充分表达这种设计空间的特性。在制作过程中，要仔细调整摄像机的各项参数及它的视角，空间结构是效果图表达的最重要内容。然而，抽象的空间是看不见、摸不着的，在场景中通过各种形体、构件的放置位置，以及它们相互间的关系，组合成某种规则有序的空间结构，这种结构正是效果图要着重表现的"空间"内容。

另外，尺度也是空间结构的重要特征。室内居室的空间结构使人感到亲切怡人、细腻、和谐。流动空间的合理化能给人们以美的感受。如图1.8所示。

图1.8 室内空间要素

1.3.2 色彩要素

　　室内色彩除对视觉环境产生影响外，还直接影响人们的情绪、心理。科学的用色有利于工作，有益于健康。色彩处理得当既能符合功能要求又能取得美的效果。室内色彩除了必须遵守一般的色彩规律外，还随着时代审美观的变化而有所不同。

　　任何空间设计都要一定功能要求和设计基调，室内设计属于生活空间，要使人感到温暖、亲切，卧室空间及儿童房间更要展现出种种特殊情调。这就要就设计者在理解设计意图的基础上有所发挥。渲染气氛的手段是多样的。首先，需要确定表现的色彩，色彩被称为"最廉价的奢侈品"，在形、色、质的构成中，色彩是最能迅速形成视觉冲击的元素。不同的色彩带来不同的生理和心理上的反应。在效果图制作中，色彩的表现是依靠场景中的灯光材质来完成的。在设计和表现中，要根据不同的对象，用不同色调的统一或对比的适当平衡取得舒适感。其次，要充分利用空间的构建和设施，尽量发挥其本身物质功能的前提下因势利导，运用适当的艺术和技术手法去美化。如图1.9所示。

图1.9　室内色彩要素

1.3.3 光影要求

　　人类喜爱大自然的美景，常常把阳光直接引入室内，以消除室内的黑暗感和封闭感，特别是顶光和柔和的散射光，使室内空间更为亲切、自然。光影的变换，使室内更加丰富多彩，给人以多种感受。

　　"光"在我们的生活中至关重要，无论是阳光、日（灯）光和夜间照明均不能缺少。光影就是光线照射在非透明物体上，在物体的背光面留下的灰色或黑色空间，即"影"。而不同形状的物体产生不同形状的阴影，不同的光又产生不同明度阴影。根据光源的分类，光影有天然光影和人工光影两种。

　　1. 天然光影

　　太阳光因为色调比较平衡，亮度分布比较均匀，且光束集中，成为最理想的自然光源，也是现实生活中唯一的天然光源，在室内建筑中可以见到阳光被很好地用来创造空间立体感和营造明暗对比效果。太阳光照射物体留下来的光影就称做"天然光影"，其光影特点是亮度、方位随时间和天气而变化，不易控制，这也都是由于光源不易控制的特点造成的。晴天的直射光强烈，物体的立体感强；而阴天的光、漫透射光和漫反射光比较柔和，光影效果较弱，物体的立体感不强。合适的天然光影效果能给人留下深刻的印象，如图1.10所示。

　　2. 人工光影

　　人工光影也就是人工设计的光源（灯），照射在物体上所留下的影。从自然光的利用到电灯的发明，室内光影的装饰应用越来越广泛，从教堂到居室、餐厅，再到特殊功能空间，如展览馆、博物馆等，人们逐渐将这种装饰用于包装各种环境，从而达到特殊的空间效果。人工光源种类繁多，其中白炽灯、气体放电灯是常用的光源，其特点是光源形状、大小可随意调节，光束大小、方向容易控制，亮度、色温、显色性可以选择，大大满足了室内装饰的需要，成为室内设计的主选光源，其形成的光影也成为室内利用光影的主要来源。设计师们也正是利用点光源在室内的广泛使用，从而对光影也有了更好的利用。如图1.11所示。

图1.10　室内天然光影效果图　　　　　　　　　图1.11　室内人工光影效果图

1.3.4　装饰要素

室内整体空间中不可缺少的建筑构件，如柱子、墙面等，结合功能需要加以装饰，可共同构成完美的室内环境。充分利用不同装饰材料的质地特征，可以获得千变万化和不同风格的室内艺术效果，同时还能体现地区的历史文化特征。

1.3.5　装饰材料的质感

在构成室内空间环境的众多因素中，各种装饰材料的质感对室内环境的变化起到重要的作用。质感包括形态、色彩、质地和肌理等几个方面的特征。要形成个性化的现代室内空间环境，设计师不必刻意运用过多的技巧处理空间形态和细部造型，应主要依靠材质本身来体现设计，重点在于材料肌理与质地的组合运用。肌理是指材料本身的肌体形态和表面纹理，是质感的形式要素，反映材料表面的形态特征，使材料的质感体现更具体、形象。在室内环境中，人们主要通过触觉和视觉感知实体物质，对不同装饰材料的肌理和质地的心理感受差异较大。常见的装饰材料中，抛光平整、光滑的石材质地坚固、凝重；纹理清晰的木质、竹质材料给人以亲切、柔和、温暖的感觉；带有斧痕的假石有力、粗犷豪放；反射性较强的金属质地不仅坚硬、牢固、冷漠，而且美观、新颖、高贵，具有强烈的时代感；纺织纤维品如毛麻、丝绒、锦缎与皮革的质地给人以柔软、舒适、豪华、典型之感；清水勾缝砖墙面使人想起浓浓的乡土情；大面积的灰砂粉刷面平易近人、整体感强；玻璃使人产生一种洁净、明亮和通透之感。不同材料的材质决定了材料的独特性和相互间的差异性。在装饰材料的运用中，人们往往利用材质的独特性和差异性来创造富有个性的室内空间环境。如图1.12所示。

图1.12　室内效果图

1.3.6 装饰材料的质感运用

要营造具有特色、艺术性强、个性化的空间环境，往往需要若干种不同材料组合起来进行装饰，把材料本身具有的质地美和肌理美充分地展现出来。装饰材料质感的组合，在实际运用中表现为三种方式：一、同一材质感的组合。如采用同一种木材装饰墙面或家具，可以采用对缝、拼角、压线手法，通过肌理的横直纹理设置、纹理的走向、凹凸变化来实现组合构成关系；二、相似质感材料的组合。如同属木质质感的桃木、梨木、柏木，因生长的地域、年轮周期的不同，而形成纹理的差异。这些相似肌理的材料组合，在环境效果上起到中介和过渡作用；三、对比质感的组合。几种质感差异较大的材料组合，会得到不同的空间效果，体现材料的材质美，除了材料对比组合手法来实现外，同时运用平面与立体、大与小、粗与细、横与竖、藏与露等设计技巧，能产生相互烘托的作用。装饰材料属强质材料，凡具有质地、质感、光泽这三项特性中任意一项的材料都是强质材料。强质材料除了将自身的色彩、纹样等奉献于所需的空间效果外，还可以与

图1.13　室内效果图

其他材质内容进一步丰富装饰效果。在室内装饰时，纯粹使用强质材料，材料间的组合显著是谐协的，因为这是一种具有"强质"这一共性的组合，将材料做强质组合时有一个重要的特征：在同一室内空间中只使用唯一的一种色彩，一般不会产生单调感。如用不同加工程度的木材组合，高贵的精加工木质饰面与自然的粗加工原木同处一室，尽管色调相同，但两者搭配仍相得益彰，这是因为室内所用的种种材料自身的饰性是富于变化的，可以从不同的侧面对装饰效果予以强调。如图1.13所示。

1.3.7 绿化和小品要素

室内家具、地毯、窗帘等，均为生活必需品，其造型往往具有陈设特征，大多数起着装饰作用。实用和装饰二者应互相协调，要求的功能和形式统一而有变化，使室内空间舒适得体、富有个性。

室内设计中绿化已成为改善室内环境的重要手段。室内移花栽木，利用绿化和小品以沟通室内外环境、扩大室内空间感及美化空间均起着积极作用。绿化和小品在现代设计中越来越多，如内室空间，花卉、树木、雕塑、小品、挂画等装饰物件在室内空间中不仅起到渲染气氛、减少噪音、净化空气的作用，也往往是艺术装饰的重点和视线的焦点，使人消除疲劳、耳目一新。雕塑、小品家具、陈设、挂画等装饰物虽然体积大，但是往往都处在视觉上重要的位置，能够灵活现地表现出空间气氛。对设计的理解和对最终效果的语气始终贯穿在效果图制作的各个环节中。另外，需要指出的是效果图中绿化、小品及雕塑等配景大部分是在后期的处理中完成的，这就是合理的配饰起到的作用，图1.14所示。

图1.14　室内绿化，小品效果图

1.4 常用室内效果图制作软件

▌ 1.4.1 AutoCAD

由美国Autodesk公司推出的AutoCAD设计软件。在室内效果图制作中，首先通过AutoCAD绘制出户型结构及面积，对室内功能区域进行划分和说明，使设计者对整体户型的构成关系更加明确，在3ds Max中进行场景创建的时候，可以将AutoCAD图导入其中，根据平面图准确地绘制出墙体构造，如图1.15所示。

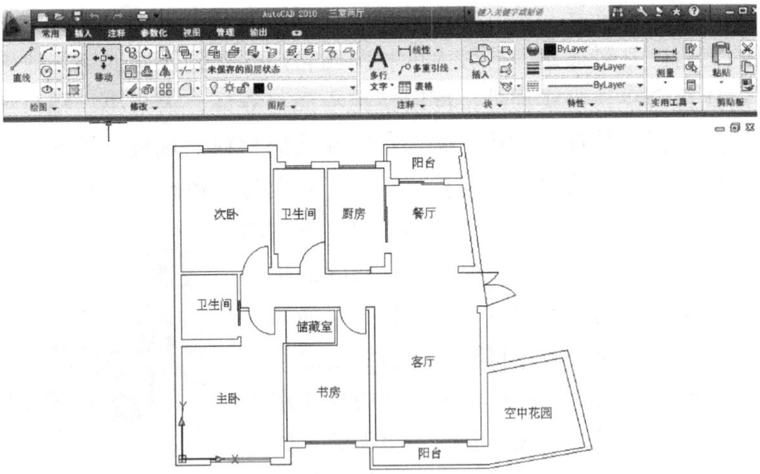

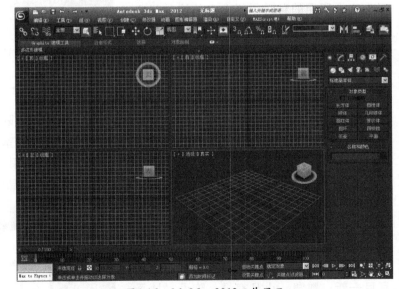

图1.15　AutoCAD工作界面

▌ 1.4.2 3ds Max

3ds Max是制作室内外效果图时常用的计算机三维应用软件，从Discreet公司开发这款软件至今，已经经历了多次版本的升级，3ds Max 2012是它的最新版本。3ds Max 2012工作界面，如图1.16所示。

图1.16　3ds Max 2012工作界面

▌ 1.4.3 Photoshop

Photoshop是Adobe公司旗下最为出名的图像处理软件之一，集图像扫描、编辑修改、图像制作、广告创意、图像输入与输出于一体的图形图像处理软件，深受广大平面设计人员和计算机美术爱好者的喜爱。从功能上看，Photoshop可分为图像编辑、图像合成、校色调色及特效制作部分。图像编辑是图像处理的基础，可以对图像做出各种变换，也可以进行复制、去除斑点、修补、修饰图像的残损等。这些在婚纱摄影、人像处理制作中有非常大的用场，Photoshop

提供的绘图工具让外来图像与创意很好地融合成为可能，使图像的合成天衣无缝。室内设计特效制作在Photoshop中主要由滤镜、通道及工具综合应用完成，包括图像的特效创意和特效字的制作，如油画、浮雕、石膏画、素描等常用的传统美术技巧都可由Photoshop特效完成。而各种特效字的制作更是很多美术设计师热衷于Photoshop研究的原因。Photoshop的工作界面，如图1.17所示。

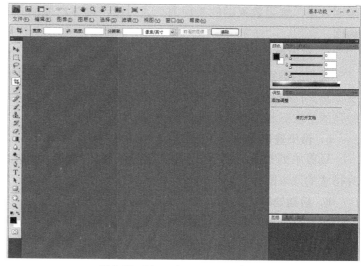

图1.17　Photoshaop CS4工作界面

1.4.4　VRay

VRay渲染器是著名的Chaos Group公司新开发的产品，主要用于渲染一些特殊的效果，如：次表面散射、光线追踪、散焦、全局照明等。VRay的特点在于"快速设置"而不是"快速渲染"，所以要合理地调节参数。VRay渲染器的控制参数并不复杂，完全内嵌在材质编辑器和渲染设置中，这与FinalRender、Brazil等渲染器很相似，但其功能更为强大，并且运行稳定、运算速度快、渲染效果逼真。VRay的工作界面，如图1.18所示。

图1.18　VRay工作界面

1.5 室内效果图的制作流程

效果图的制作是一个复杂的过程，需要经过分析图纸、前期建模制作、材质灯光设置、渲染输出文件和后期处理等几个步骤。

1．分析图纸

分析图纸的过程中要删除一些不必要的标注，还有不需要使用的图线。要弄明白图纸的各个构建之间的关系，例如侧立面、正立面、屋顶等图。假如在前期没有看明白图纸就动手画图会很被动，同时还会出很多错误。

2．前期建模制作

将分析好的图纸导入三维软件中作为参考，根据图纸建造出墙体、地面、吊顶、门窗、家具等物体的三维模型。

3．材质灯光设置

在建筑效果图的制作过程中，灯光的设置是重要的一个环节，灯光可以模拟白天、夜晚的照明效果，增强效果图的表现力。通过赋予物体材质的方式，使制作的物体更像真实世界中的物体。

4．摄影机

视角的确定，关系到整幅效果图的表现。摄影机高度的设置最终是使场景看起来既开阔，视觉感又比较真实。为了使效果图有较强的感染力，也可以从不同的视角表现效果图，呈现出较强的层次感和立体透视感。

5．渲染输出文件

场景中的模型、材质、灯光全部完成后，通过3ds Max中的渲染器进行渲染输出，产生图片格式的效果图。

6．后期处理

将三维软件中输出的图像导入图像编辑软件中，通过滤镜、通道及工具的综合应用，使效果图更加美观、逼真。

1.6 VRay在室内效果图中的应用

VRay是由Chaosgroup和Asgvis公司出品，在中国由曼恒公司负责推广的一款高质量渲染软件，VRay是目前最受欢迎的渲染引擎。基于VRay 内核开发的有VRay for 3ds max、Maya、Sketchup、Rhino等诸多版本，为不同领域的优秀3D建模软件提供了高质量的图片和动画渲染。除此之外，VRay也可以提供单独的渲染程序，方便使用者渲染各种图片。VRay在3ds Max的界面V-Ray for 3d max是3ds Max 的超级渲染器，是专业渲染引擎公司Chaos Software公司设计完成的拥有Raytracing（光线跟踪）和Global Illumination（全局照明）的渲染器，用来代替3ds Max原有的Scanline render（线性扫描渲染器），VRay还包括了其他增强性能的特性，包括真实的3d Motion Blur（三维运动模糊）、Micro Triangle Displacement（级细三角面置换）、Caustic（焦散），通过VRay材质的调节完成Sub-suface scattering（次表面散射）的sss效果和Network Distributed Rendering（网络分布式渲染）等。VRay特点是渲染速度快（比FinalRender的渲染速度平均快20%），目前很多制作公司使用它来制作建筑动画和效果图，就是看中了它速度快的优点。 VRay渲染器有Basic Package和 Advanced Package两种包装形式。Basic Package具有适当的功能和较低的价格，适合学生和业余艺术家使用；Advanced Package包含有几种特殊功能，适用于专业人员使用。目前市场上有很多针对3ds Max的第三方渲染器插件，VRay就是其中比较出色的一款。主要用于渲染一些特殊的效果，如次表面散射、光线追踪、焦散、全局照明等。VRay是一种结合了光线跟踪和光能传递的渲染器，其真实的光线计算创建专业的照明效果。可用于建筑设计、灯光设计、展示设计等多个领域。

1.7 课后练习

1．了解室内效果图的制作流程。
2．认识常用室内效果图制作软件。

第2课
初识3ds Max 2012

目前，全球最大的二维、三维数字设计软件公司欧特克公司推出了旗下最著名的三维建模、动画和渲染软件——3ds Max 2012。经过多个版本的改进与更新，在影视广告、动画制作、制作效果图、游戏等多个领域均得到广泛的应用。本课通过对3ds Max基本功能、系统要求、学习方法等方面的介绍，学习软件的一些基本知识。

本课内容：

- 3ds Max 2012新增功能
- 3ds Max的工作界面
- 自定义视图布局
- 设置右键菜单
- 使用3ds Max制作小实例

2.1 3ds Max 2012新增功能

3ds Max 2012是这个软件的最新版本，与以前的版本相比较，新版本在多个方面有了改进。3ds Max 2012 增加了材质纹理预设、提升显示速度、简化批处理渲染等。例如，增加了全新的分解与编辑坐标功能；加入了一个强有力的新渲染引擎；加入了新的钢体动力学；在视图显示引擎技术上也表现出了极大的进步；增强了之前新加入的超级多边形优化工具，等等。

总体来讲，3ds Max 2012的基本功能也是本书将要介绍的主要内容。

2.1.1 3ds Max的建模

利用扩展 Graphite 建模和视口画布工具集的新工具，加快建模与纹理制作任务：用于在视口内进行 3D 绘画和纹理编辑的修订工具集、使用对象笔刷进行绘画以在场景内创建几何体的功能、用于编辑 UVW 坐标的新笔刷界面，以及用于扩展边循环的交互式工具。

3ds Max作为一款功能强大的三维制作软件，包含各个方面的多种功能，但无论哪一种功能的实现都是以精美的三维模型为基础的，可以说制作精美的模型是开始进行三维创作的第一步。还有新加入的超级多边形优化工具，增强后的超级多边形优化功能可以提供更快的模型优化速度、更有效率的模型资源分配、更完美的模型优化结果。新的超级多边形优化功能还提供了法线与坐标功能，并可以让高精模型的法线表现到低精度模型上去。

2.1.2 3ds Max的渲染和灯光

3ds Max 中，使用新集成的来自 Mental images公司 的 iray 渲染技术可使创建真实图像变得前所未有的简单。在渲染变革道路上另一个重要的里程碑是——iray 渲染器，使您可以设置场景，单击"渲染"按钮，并获得可预测的、照片级真实感的效果，而无须考虑渲染设置，就像傻瓜型摄影机。艺术家可以专注于自己的创造性景象，因为他们直观地使用真实世界中的材质、照明和设置，以便更加精确地描绘物理世界。iray 可逐步优化图像，直到达到所需的详细级别。如图2.1所示。

图2.1 iray效果图

光线对于我们的视觉来说至关重要，因为我们之所以能够看到五颜六色的物体，是因为这些物体反射了光的不同光波，因此，没有光线我们的眼前将是一片漆黑。3ds Max所营造的三维空间与实际生活场景一样，造型、材料质感通过照明得到体现，由此可见灯光效果的设置是非常重要的，光线的强弱、颜色、投射方式都可以明显地影响空间感染力，照明的设计要和整个空间的性质相协调，要符合空间的总体艺术要求，形成一定的环境气氛。

2.1.3 3ds Max的质感模拟

Autodesk 材质在各个方面都进行了更新，更易于使用。

在三维表现中，没有材质的物体是平淡无奇的，材质的表现会赋予物体灵魂。随着3D技术的发展，人们越来越追求在3D设计中模拟更真实的场景和物体，例如在室内外建筑设计中，材质的表现直接可以让客户了解所应用的材料，地面是木地板还是大理石；墙面是墙漆还是玻璃幕墙；是草屋还是木屋或是石屋，等等。如图2.2所示。

使用3ds Max 2012能够模拟各种逼真的材质效果，3ds Max 2012还新增加了一种程序贴图，此贴图已经记录下了数十种自然物质的贴图组成，在使用时可以根据不同的物质组成制作出逼真的材质效果。而且此贴图还可以通过中间软件导入游戏引擎中使用。3ds Max 2012里提供了对矢量置换贴图的使用支持，一般的置换贴图在进行转换时，只能做到上下凹凸。矢量置换贴图可以对置换的模型方向做出控制，从而可以制作出更有趣、生动的复杂模型。

图2.2 3ds Max的质感模拟

2.1.4 3ds Max的动画

使用3ds Max可以制作物体移动、人物动作、风云雷电、液体流动、风流动等动画效果，如图2.3所示。三维动画广泛地应用于诸多领域，这种动画能够给人耳目一新的感觉，其客观形象的展示方式非常受欢迎。

图2.3 三维动画

13

2.1.5 3ds Max的粒子系统

粒子系统是能够生成粒子的对象，用来模拟爆炸、雪、雨、飞花落叶、沙尘风暴等现象。在3ds Max中的粒子系统包括喷射（Spray）、雪（Snow）、粒子列阵（Parray）、超级喷射（Super Spray）、暴风雪（Blizzard）、粒子云（Pcloud）及粒子流（PF source）七种粒子。通过这些功能强大的粒子系统，可以逼真地模拟出烟花的现象，如图2.4所示。

图2.4 粒子系统模拟烟花

2.1.6 3ds Max的动力学

直接在 3ds Max 视口中创建更形象的动力学刚体模拟。MassFX 支持静态、动力学和运动学刚体，以及多种约束：刚体、滑动、转枢、扭曲、通用、球、套管及齿轮。动画设计师可以更快速创建广泛的真实动态模拟，还可以使用工具集进行建模，例如，创建一朵花，模仿花开的效果，如图2.5所示。

图2.5 模拟花开

3ds Max 2012抛弃了使用多年的古董级动力学Reactor之后，加入了新的钢体动力学——MassFX。这套钢体动力学系统，可以配合多线程的Nvidia显示引擎来进行视图里的实时运算，并能得到更为真实的动力学效果。

2.2 3ds Max的工作界面

3ds Max 2012的工作界面有很大的变化，首先，默认界面变为黑色调，这样有利于保护制作者的眼睛。在工具按钮布置方面也做了很多便于操作的改变。虽然老用户可能有些不太适应，但是熟悉后就会发现这些改变有利于提高工作效率等。

双击桌面上■按钮，或者单击"开始/所有程序/Autodesk 3d Max 32-bit/Autodesk 3d Max 32-

bit"，启动3ds Max2012，启动界面如图2.6所示。

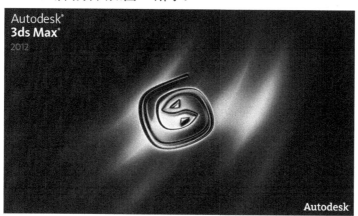

图2.6　3d Max 2012启动界面

　　3ds Max虽然一款复杂的三维动画制作渲染软件，但是3ds Max的工作界面却很简洁、明了，主要是由标题栏、菜单栏、视图区、工具栏、命令面板、状态栏、动画控制区和视图控制区8个部分组成的，如图2.7所示。

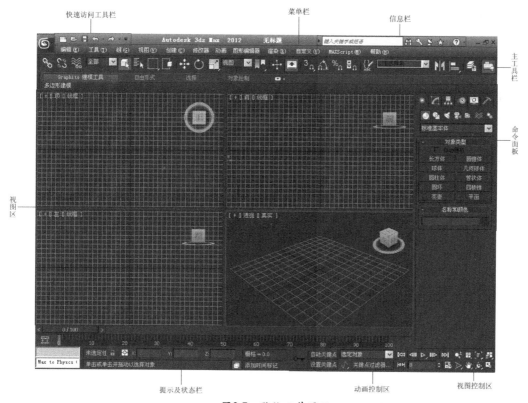

图2.7　默认工作界面

2.2.1　标题栏

　　操作界面中最顶部的一行是系统的标题栏。位于标题栏最左侧的应用按钮，单击标题栏可打开一个图标的菜单，双击标题栏可关闭当前的应用程序。紧随其右侧的是"快速访问工具栏"，主要包括了常用文件管理的工具。标题栏中间部分是文件名和软件名，信息栏位于标题栏的右侧，在标题栏最右边是Windows的3个基本控制按钮：最小化、最大化、关闭。

▊2.2.2 菜单栏

3ds Max的菜单栏与标准的Windows 操作平台相似，分为12个项目，位于屏幕顶端，菜单中的命令项目如果带有"…"（省略号），表示会弹出相应的对话框，带有小箭头表示还有次一级的菜单，如图2.8所示。有快捷键的命令右侧会有快捷键，大多数命令的工具栏、命令或右击弹出的快捷菜单中都能方便地找到，不必进入菜单进行选择。

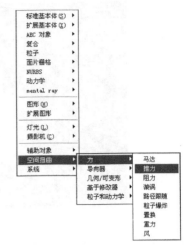

图2.8　次级菜单展示

▊2.2.3 工具栏

在3ds Max中，工具栏是摆放常用命令的地方，工具栏包括主工具栏和浮动工具栏两部分。

在菜单下，就是3ds Max 的主工具栏，主工具栏是由一组带有形象标示的命令按钮组成的，可以直接从按钮的形象标示上来去区分其功能，主工具栏的命令按钮在排列上使用了嵌套的方式。有些按钮的右下角带有一个三角形标志，这表示可以显示相关按钮，单击并按住鼠标左键不放就可弹出相关的按钮。

浮动工具栏在默认的情况下是隐藏的，在主工具栏空白处单击鼠标右键，在弹出的菜单中执行相应的命令，可以打开浮动工具栏，如图2.9所示。

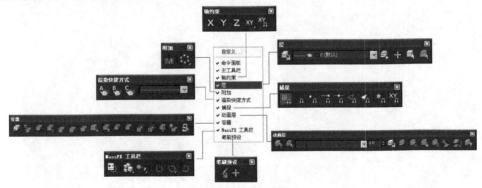

图2.9　打开浮动工具栏

▊2.2.4 视图区

在3ds Max的整个工作界面中，视图区占据了大部分的界面空间，视图区是3ds Max的主要工作区域，在系统默认状态下，视图区共划分成4个面积相等的视图，分别为顶视图、前视图、左视图、透视图。在视图区中单击可以激活某个视图，表示该视图为当前工作视图，此时该视图四周的边框为黄色显示。

视图的划分及视图显示方式，并不是一成不变的，用户可根据观察对象的需要随时改变视图的大小或显示方式，在视图左上角视图名称处单击鼠标右键，在弹出菜单中选择视图选项，即可选择需要的视图显示方式。

▋▋ 2.2.5 视图的控制区

工作界面的右下角为视图控制区，其中包含8组命令按钮，这些按钮的主要功能就是控制视图的显示效果，使用户更好地对所编辑的场景对象进行观察。因此熟练地使用视图控制工具可以提高制作效果图的工作效率。

▋▋ 2.2.6 命令面板

3ds Max的工作界面右侧为命令面板，在命令面板内包含大量的对象建立和编辑命令，命令面板是3ds Max中使用频率较高的一个工作区域，绝大多数场景对象的创建，都要在这里编辑完成。因而，熟练地掌握命令面板的使用技巧是学习3ds Max的核心内容，也是学习3ds Max的关键所在。

3ds Max的命令面板共包含6部分，从左至右依次是创建对象、修改对象、层次控制、运动控制、对象显示控制和实用工具，每一个部分下面又包含着不同的分支内容。

▋▋ 2.2.7 提示栏和动画控制区

在3ds Max的工作界面中，信息提示栏主要提示一些命令使用、当前状态信息，例如，选中一个工具后，在提示栏中会出现它的使用方法等信息。动画控制区的工具用于记录、播放动画。

2.3 自定义视图布局

默认工具界面中，四个视图是同样大小的，用户可以根据自己的个人爱好和工作习惯设置自己的视图布局，默认视图布局，如图2.10所示。

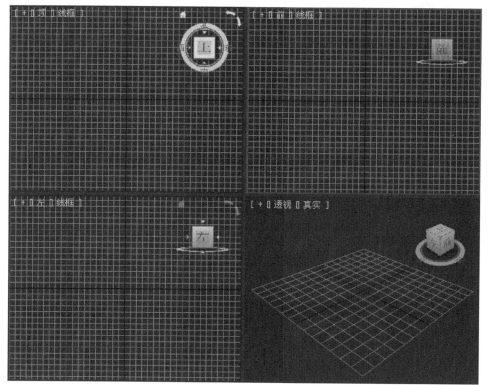

图2.10 默认视图布局

在视图区中单击任意视图左上角的"一般视图"选项，在弹出的快捷菜单中选择配置视口，此时会弹出"视口配置"对话框，在"布局"选项卡下提供14种视图布局，用户可以根据需要随意选择任意一个视图布局，如图2.11所示。

用户还可以将光标放在两个视图的分界处，当光标变为双向箭头时拖曳鼠标，调整视图大小。

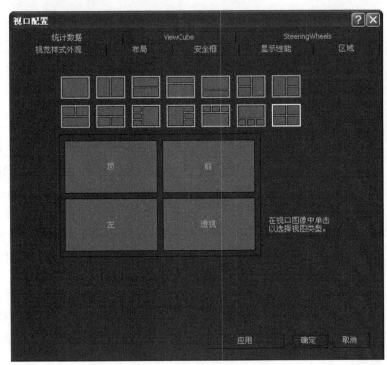

图2.11 视口配置对话框

2.4 设置右键菜单

在视图中单击鼠标右键弹出的快捷菜单就是右键菜单，如图2.12所示。右键菜单可以帮助用户快速找到需要的命令，从而提高工作效率。

执行菜单栏中的"自定义/自定义用户界面"命令，在弹出的"用户界面"对话框中的四元菜单选项卡下，可以设置很多命令，将其拖到右侧的列表框中，可以添加到右键菜单中，如图2.13所示。

如果想删除右键菜单中某个命令，则右击"自定义用户菜单"对话框右键列表框中的这个命令，在弹出的菜单中执行"删除菜单项"命令，便可将其删除。如图2.14所示。

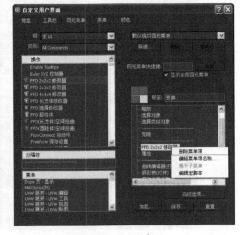

图2.12 右键菜单　　图2.13 "自定义用户界面"对话框　　图2.14 删除命令

2.5 使用3ds Max制作小实例

小茶几是家居生活中最常见的家具之一，在客厅中放置一个小茶几不但方便、实用，更能美化空间、凸显主人的生活品味，效果如图2.15所示。

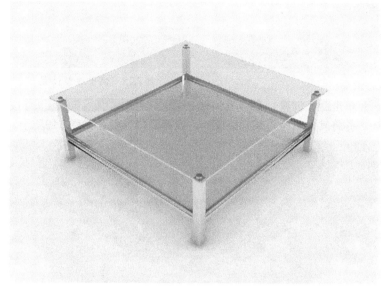

图 2.15 小茶几

01 在桌面上双击图图标，打开3ds Max 2012中文版应用程序。

02 在菜单栏中执行【自定义】/【单位设置】命令，在弹出的【单位设置】对话框中设置单位为"厘米"，如图2.16所示。

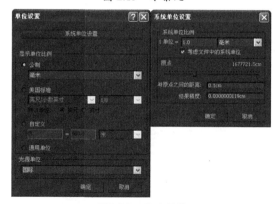

图2.16 设置单位

03 单击 （创建）/ （几何体）/ 标准基本体 右侧的小按钮，选择 扩展基本体 选项，然后单击选择 切角长方体 按钮，在顶视图中创建一个切角长方体，并将其命名为"茶几腿"。具体参数设置，如图2.17所示。

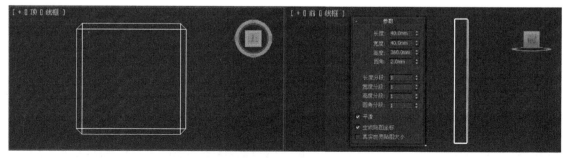

图2.17 切角长方体

04 单击 （创建）/ （图形）/ 矩形 按钮，在顶视图中创建一个矩形，根据参考矩形调整"茶几腿"的位置，效果如图2.18所示。

19

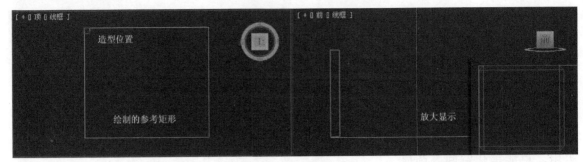

图2.18 调整造型位置

05 单击■（创建）/■（几何体）/ 标准基本体 ▼/ 圆柱体 按钮，在顶视图中创建一个圆柱体，并将其命名为"茶几腿顶"，设置具体参数，如图2.19所示。

图2.19 创建圆柱体

06 将光标放在"茶几腿顶"上，单击鼠标右键，在弹出的快捷菜单中执行【转换为】/【转换为可编辑多边形】命令，将"茶几腿顶"转换为可编辑多边形对象，如图2.20所示。

07 打开修改命令面板，在修改器堆栈中单击激活【多边形】子对象，如图2.21所示。

图2.20 转换为可编辑多边形

图2.21 修改器堆栈

08 单击鼠标选中上下两个面，在修改面板的【编辑多边形】卷展栏下单击【倒角】右侧的■按钮，在弹出的对话框中设置参数，如图2.22所示。

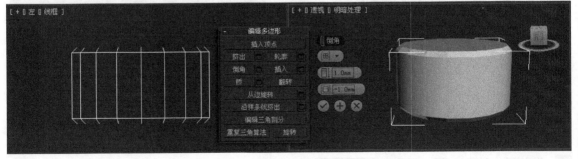

图2.22 倒角

09 单击■按钮，关闭多边形子物体层级，在视图中调整"茶几腿顶"的位置，如图2.23所示。

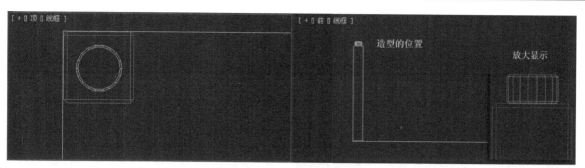

图2.23　调整造型位置

10 在视图中选中"茶几腿"和"茶几腿顶"，执行菜单栏上的【组】/【成组】命令，在弹出的【组】对话框中将组名重命名为"茶几腿A"，如图2.24所示。

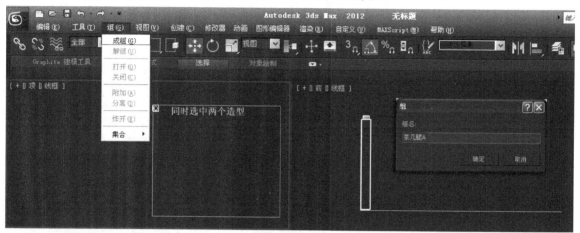

图2.24　成组

11 在视图中选中"茶几腿A"，按下Shift键并单击拖曳，在弹出的【克隆选项】对话框中设置具体参数，如图2.25所示。

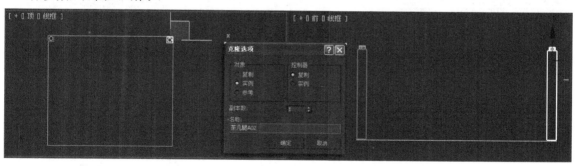

图2.25　复制

12 根据参考矩形将其复制两组，并在视图中调整位置，复制后的造型位置，如图2.26所示。

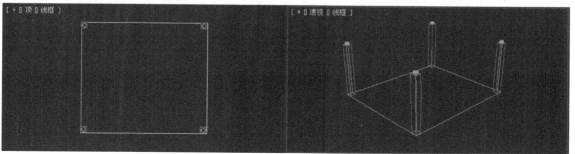

图2.26　调整造型位置

13 按下键盘上的Delete键，删除参考矩形，然后单击 <u>切角长方体</u> 按钮，在前视图中创建一个切角长方体，命名为"横杆"，在视图中调整其位置，如图2.27所示。

14 在工具栏中单击 ⚑ （角度捕捉切换）按钮，再用右键单击，在弹出的对话框中设置"角度"为90度，如图2.28所示。

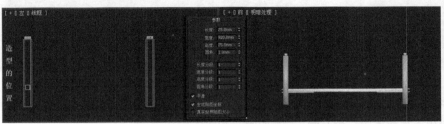
图2.27 创建"横杆"

图2.28 设置角度

15 在工具栏中单击 ⟳ （旋转）按钮，按住Shift键在顶视图中将"横杆"旋转并复制一个，并设置具体参数，单击"确定"按钮，完成操作，如图2.29所示

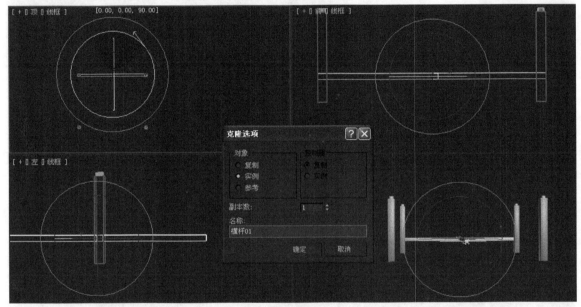
图2.29 复制

16 在视图中调整复制后的造型位置，如图2.30所示。

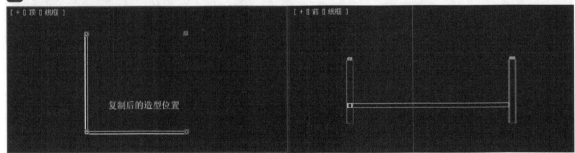
图2.30 调整造型位置

17 单击工具栏上的 ⌁ （镜像）按钮，在顶视图中将复制后的"横杆"镜像并复制一个，设置具体参数，如图2.31所示。

18 再用同样的方法，在顶视图中复制另一边的"横杆"，如图2.32所示。

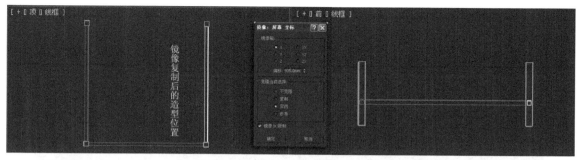

图2.31 镜像复制

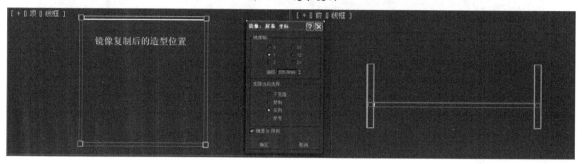

图2.32 镜像复制

19 单击 长方体 按钮，在顶视图中再创建一个长方体，并将其命名为"玻璃隔板"，如图2.33所示。

图2.33 创建长方体

20 单击右键将其转换为"可编辑多边形"，激活☑子物体层级，按住Ctrl键，在视图中选中造型的四条竖着的边，然后单击【编辑边】卷展栏下的 切角 后的■按钮，在弹出的对话框中设置参数，切线后的边，如图2.34所示。

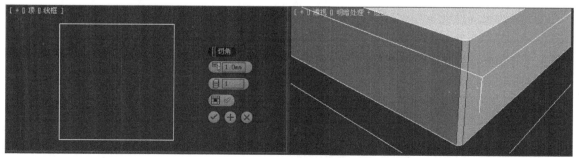

图2.34 切角

21 激活■（多边形）子物体层级，选中"玻璃隔板"侧面的四个多边形，如图2.35所示。

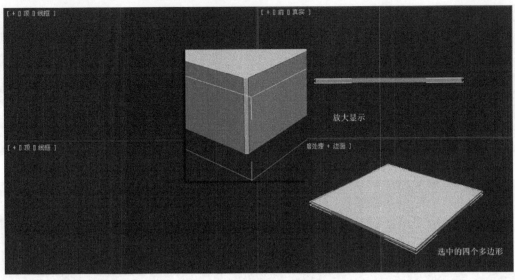

图2.35 选中多边形

22 在修改面板的"编辑多边形"卷展栏下单击 挤出 后的 按钮，在弹出的对话框中设置参数，如图2.36所示。

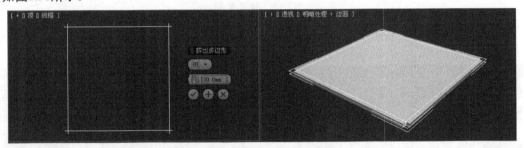

图2.36 挤出

23 激活 子物体层级，按住Ctrl键，在视图中选中如图2.37所示的边。

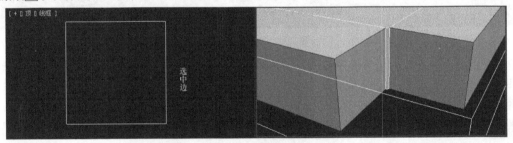

图2.37 选中边

24 单击【编辑边】卷展栏下 切角 后的 按钮，在弹出的对话框中设置参数。切线后的边，如图2.38所示。

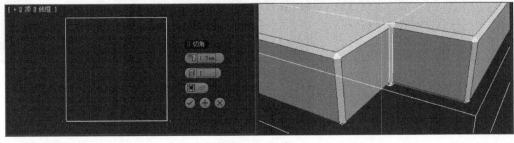

图2.38 切角

25 在视图中调整造型的位置，效果如图2.39所示。

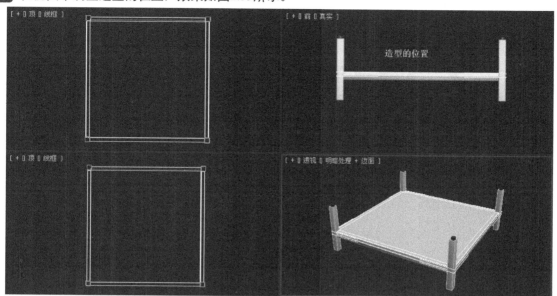

图2.39 调整造型的位置

26 单击 切角长方体 按钮，在顶视图中创建一个切角长方体，并将其命名为"茶几面"。设置具体参数，如图2.40所示。

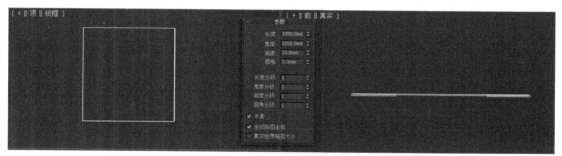

图2.40 创建切角长方体

27 在视图中调整造型的位置，效果如图2.41所示。

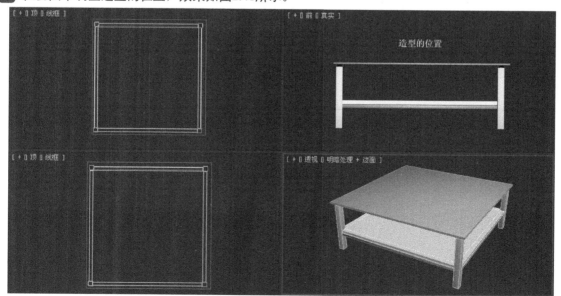

图2.41 调整造型的位置

28 至此，整个小茶几的建模过程全部结束。单击工作界面左上角的◎按钮，执行【保存】命令，保存文件。

2.6 课后练习 ───────────○

1. 了解3ds Max的工作界面。
2. 使用标准几何体制作简单的室内小家具，如图2.42所示。

图2.42 参考效果

第3课
创建三维模型

3ds Max提供了多重的建模工具，既可以直接创建几何体，也可以将图形转换为几何体，创建模型是效果图制作的基础，本课将详细介绍相关的内容。

本课内容：

- 创建标准几何体
- 创建扩展几何体
- 创建复合对象
- 对象的变换操作
- 制作简单的室内小造型

3.1 创建标准几何体

标准基本体在效果图的制作中使用频率非常高,它在日常生活中也是最常见的几何体,所以掌握这些几何体的创建方法是学习3ds Max 2012的第一步。在3ds Max 2012工作界面右侧的命令面板中单击██按钮,在几何体类型下拉列表中选择 标准基本体 ▼ 选项,打开标准基本体创建命令面板,如图3.1所示。

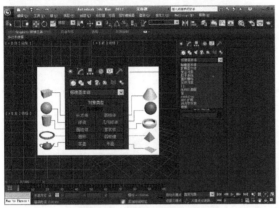

图3.1 标准基本体命令面板

3ds Max 2012提供了10种标准基本体的创建命令,使用这些创建命令可以创建出最常见的简单几何体,如墙体、地板、梁柱、床等。本节将介绍这些几何体的创建方法和基础属性。

3.1.1 长方体的创建

长方体是最简单、最常用的基本体。长方体广泛用于各种场景的制作,例如墙体、地面、天花板等模型都是用长方体创建的。长方体创建的模型效果图,如图3.2所示。

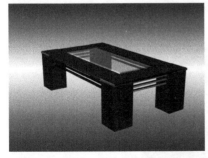

图3.2 长方体模型

在创建命令面板中单击 长方体 按钮后,将光标放置到顶视图中,按下鼠标左键并在对角线方向上拖曳鼠标,创建出长方体的底面,然后释放鼠标左键上下移动,创建

出长方体的高度,最后单击鼠标左键完成创建。在创建过程中,创建命令面板中显示出长方体的创建参数,如图3.3所示,这些参数用于规范长方体的属性。

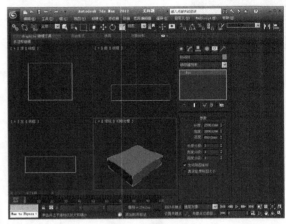

图3.3 参数面板

立方体:使长度、宽度和高度都相等。创建立方体是第一步操作,从立方体的中心开始,在视口中拖曳,同时设置三个维度。可以更改"参数"卷展栏中立方体的单个维度。

长方体:从一个角到斜对角创建标准长方体基本体,创建的标准体可设置不同的长度、宽度和高度。

长度、宽度、高度:设置长方体对象的长度、宽度和高度。在拖动长方体的侧面时,这些字段也作为读数,默认值为0、0、0。

长度分段、宽度分段、高度分段:设置沿着对象每个轴的分段数量,在创建前后设置均可。默认情况下,长方体的每个侧面是单个分段,当设置这些值时,新值将成为绘画期间的默认值。默认设置为1、1、1。

生成贴图坐标:生成将贴图材质应用于长方体的坐标,默认设置为启用状态。

真实世界贴图大小:控制应用与该对象的纹理贴图材质所使用的缩放方法。缩放值由位于应用材质的"坐标"卷展栏中的"使用真实世界比例"设置控制,默认设置为禁用状态。

3.1.2 球体和几何球体的创建

在创建面板中单击"球体"按钮后，可以生成完整的球体、半球体或球体的其他部分，还可以围绕球体的垂直轴对其进行"切片"。与标准球体相比，几何球体能够生成更规则的曲面。在指定相同面数的情况下，它们也可以使用比标准球体更平滑的剖面进行渲染。球体和几何球体创建的模型效果如图3.4所示。

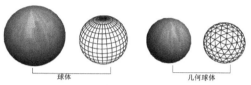

图3.4 球体模型效果图

球体和几何球体拥有类似的创建方法。激活创建命令按钮后，在视图中单击拖曳鼠标即可创建出球体或几何球体。在创建命令面板中单击 球体 按钮后，面板中将显示它的创建参数，如图3.5所示，这些参数用于调整球体的属性。

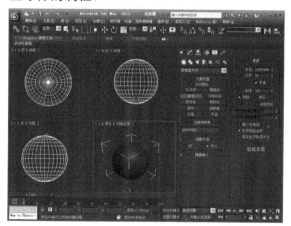

图3.5 创建球体参数面板

半径：指定球体的半径。

半球：过分增大该值将"切断"球体，如果从底部开始，将创建部分球体。值的范围为0.0~1.0。默认值是0.0，可以生成完整的球体；设置为0.5可以生成半球；设置为1.0会使球体消失。"切除"和"挤压"可切换半球的创建选项。

在创建命令面板中单击 几何球体 按钮后，面板中将显示它的创建参数，如图3.6所示，这些参数用于规范几何球体的属性。

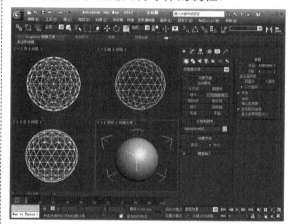

3.6 创建几何球体参数面板

基点面类型组：可选择几何体、基本几何体或规则多面体。

四面体：基于4面的四面体。三角形面可以在形状和大小上有所不同。球体可以划分为四个相等的分段。

八面体：基于8面的八面体。三角形面可以在形状和大小上有所不同。球体可以划分为八个相等的分段。

二十面体：基于20面的二十面体。面都是大小相同的等边三角形。根据与20个面相乘和相除的结果，球体可以划分为任意数量的相等分段。

3.1.3 圆柱体、管状体和圆环的创建

圆柱体用于生成圆柱，多用于创建柱子、圆形桌面等。管状体则可生成圆形和棱柱管道，它类似于中空的圆柱体。圆环则可以生成环状体和拱形体。圆柱体、管状体和圆环的模型效果，如图3.7所示。

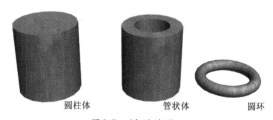

图3.7 模型效果

创建圆柱体首先需要确定底面大小，然后确实高度，这与长方体的创建方法相同。创建管状体需要先确定一个截面圆的半径，然后确定第二个圆的半径，最后确定高度，这两个圆半径的差就是管壁的厚度。创建圆环时首先确定圆环的半径，然后释放鼠标左键移动鼠标，确定圆环截面半径，最后单击鼠标左键结束创建过程。这三种几何体的参数比较简单，在此不做过多介绍。其参数面板，如图3.8所示。

图3.8　圆柱体、管状体和圆环的参数面板

3.1.4　圆锥体和四棱锥体的创建

使用"创建"命令面板上的 圆锥体 按钮，可以产生直立或倒立的圆形圆锥体。"四棱锥"基本体拥有方形或矩形的底部和三角形侧面，模型效果如图3.9所示。

四棱锥体　　　　　　　　　　圆锥体

图3.9　模型效果

创建圆锥体首先需要确定底面圆的半径，然后确定锥体高度，最后确定顶面圆的半径。当其中一个圆的半径为0时，创建出的几何体为圆锥。四棱锥的创建较为简单，与长方体的创建方法类似。圆锥体和四棱锥体的参数面板，如图3.10所示。

图3.10　四棱锥体和圆锥体的参数面板

3.1.5　茶壶和平面的创建

在标准几何体的创建命令面板中，茶壶和平面是两个较为特殊的几何体，"茶壶"命令可以快速创建出完整的茶壶模型，在效果图的制作中，茶壶常用与测试材质和灯光效果；"平面"命令可以创建出一个没有厚度的平面，如图3.11所示。

图3.11　茶壶和平面模型效果

3.2　创建扩展基本体

扩展基本体是3ds Max中的复杂几何体，这些几何体模型一般比较复杂，也有些模型比较单一，在效果图的制作中很少用到，因此本节重点介绍常用的几种扩展几何体。

在几何体创建命令面板中单击 标准基本体 按钮，在弹出的下拉列表中选择"扩展基本体"选项。扩展基本体的创建命令面板，如图3.12所示。

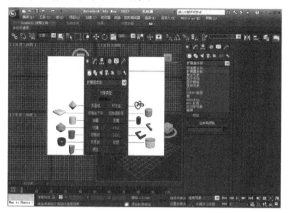

3.12 扩展几何体面板

扩展基本体中的切角圆柱体，与标准基本体中的长方体和圆柱体的不同之处就在于，参数设置卷展栏中多了"圆角"参数，其作用是使切角长方体和切角圆柱体的边、角圆滑。

在创建命令面板中单击 切角长方体 按钮后，面板中即显示它的创建参数，如图3.13所示，这些参数用于调整切角长方体的属性。

长度、宽度、高度：设置切角长方体的长、宽、高。

圆角：设置切角长方体的边角，使之圆滑。值越高切角长方体边上的圆角越精细。

在创建命令面板中单击"切角圆柱体"按钮后，面板中即显示它的创建参数，如图3.14所示，这些参数用于调整切角圆柱体的属性。

图3.13 切角长方体 参数面板　　图3.14 切角圆柱体 参数面板

半径：设置切角圆柱体的半径。

高度：设置切角圆柱体的高度。

圆角：斜切倒角圆柱体的顶部和底部封口边，数量越多，沿着封口边的圆角越精细。

高度分段：设置沿着相应轴的分段数量。

圆角分段：设置圆柱体圆角边时的分段数。添加圆角分段曲线边缘，从而生成圆角圆柱体。

边数：设置切角圆柱体周围的边数。数值越大，切角圆柱体表面越光滑。

端面分段：设置沿着切角圆柱体顶部和底部的中心，同心分段的数量。

3.3 创建复合对象

复合对象是指将两个或两个以上的对象组合，使之成为一个对象，复合对象的创建是比较复杂的操作，在几何体创建命令面板中单击 标准基本体 的下三角按钮，在弹出的下拉列表中选择 复合对象 选项，复合对象的创建命令面板，如图3.15所示。常用到的是布尔运算和超级布尔命令。

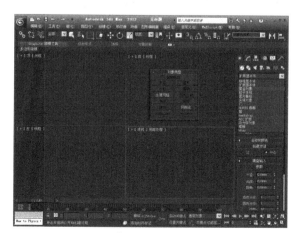

图3.15 复合对象面板

3.3.1 Boolean（布尔）

通过对两个对象执行布尔操作将它们组合起来。布尔运算是一种数学运算，包括加集、减集、并集等运算。

首先在视图中选择一个对象，然后在复合对象创建命令面板中单击 ▢布尔▢ 按钮，面板中即显示它的创建参数，如图 3.16 所示。

图3.16　Boolean参数面板

▢拾取操作对象B▢：在视图中拾取造型进行布尔运算。在布尔运算中，系统将参与运算的两个几何体做了划分，先选中的几何体为"操作对象A"，后选中的几何体为"操作对象B"。

参考、复制、移动、实例：设置"操作对象B"的处理方式，这与对象的复制方式是一样的。

操作对象：在这个列表中，列出了参与运算的"操作对象A"和"操作对象B"。

名称：编辑此字段更改操作对象的名称。

▢拾取操作对象▢：创建一个运算对象的副本。

并集：布尔对象包含两个原始对象的体积，将移除几何体的相交部分或重叠部分。

交集：布尔对象只包含两个原始对象共用的体积（也就是重叠的部分）。

差集：布尔对象包含从中减去相交体积的原始对象的体积。布尔运算操作效果，如图3.17所示。

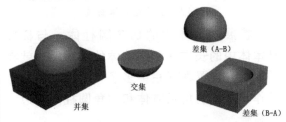

图3.17　布尔运算的操作效果图

切割：可以使用"操作对象 B"切割"操作对象 A"，但不为"操作对象 B"的网格添加任何东西。此操作类似于"切片"修改器，不同的是后者使用 Gizmo，而"切割"操作使用"操作对象 B"的形状作为切割平面。

3.3.2 ProBoolean（超级布尔）

ProBoolean（超级布尔）复合对象与布尔复合对象非常相似。ProBoolean复合对象在执行布尔运算之前，采用了3ds Max网格并增加了额外的功能。首先它组合了拓扑，然后确定共面三角形并移除附带的边。之后不是在这些三角形上而是在多边形上执行布尔运算。完成布尔运算之后，对结果执行重复三角算法，然后在共面的边隐藏的情况下将结果送回3ds Max中。这样额外工作的结果有双重的意义：布尔对象的可靠性非常高，因为有更少的小边和三角形，因此结果输出更清晰。

首先在视图中选择一个对象，然后在复杂对象创建命令面板中单击 ▢ProBoolean▢ 按钮，面板中即显示它的创建参数，如图 3.18 所示。

图3.18　ProBoolean参数面板

ProBoolean（超级布尔）复合对象的使用方法与布尔复合对象的使用方法非常接近，它们的参数也非常相似，在此不作赘述。

3.4　对象的变换操作

在3ds Max中，时常要改变对象的位置、角度与尺寸，这三种变化称为"变换"。因此，对象的移动、旋转和缩放统称为"对象的变换操作"。变换操作是利用变换工具来完成的，变换工具位于主工具栏中，如图3.19所示。变换操作是最基本的操作，"轴向"则是影响变换操作最主要的一个元素。

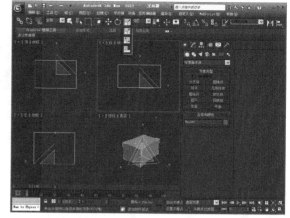

图3.19　变换工具

3.4.1　移动操作

使用"编辑"、四元菜单上的 ![]按钮或"移动"命令来选择并移动对象。要移动单个对象，则无须先选择"选择并移动"按钮。当该按钮处于活动状态时，单击对象进行选择，并拖动鼠标以移动该对象，如图3.20所示。

图3.20　移动物体

3.4.2　旋转操作

使用"编辑"、四元菜单上的 ![]按钮或"旋转"命令来选择并旋转对象。要旋转单个对象，则无须先选择该按钮。当该按钮处于活动状态时，单击对象进行选择，并拖动鼠标以旋转该对象。围绕一个轴旋转对象时（通常情况如此），不要旋转鼠标以期望对象按照鼠标运动来旋转。只要直上直下地移动鼠标即可。朝上旋转对象与朝下旋转对象方式相反，如图3.21所示。

图3.21　旋转

3.4.3　缩放工具

主工具栏上的"选择并缩放"弹出按钮提供了对用于更改对象大小的三种工具，如图3.22所示。

在工具栏中激活 按钮，在顶视图中选中球体，按住鼠标左键沿Y轴收缩调整造型，如图3.23所示。

图3.22　缩放工具　　　　　　　　　　　　图3.23　缩放

3.5　制作简单的室内小造型

本例通过将长方体创建命令和FFD变形修改器结合应用，创建出餐椅造型，模型最终效果如图3.24所示。

01 在桌面上双击 图标，启动3ds Max 2012中文版应用程序。

02 在菜单栏中执行【自定义】/【单位设置】命令，在弹出的【单位设置】对话框中设置单位为"厘米"，如图3.25所示。

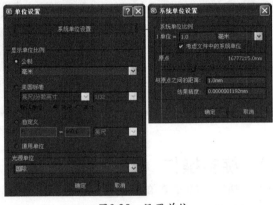

图3.24　餐椅　　　　　　　　　　　　　　图3.25　设置单位

03 单击 （创建）/ （几何体）/ 标准基本体 的下拉按钮，在弹出的下拉列表中选择【扩展基本体】选项，打开扩展基本体创建命令面板。单击 切角长方体 按钮，在顶视图中创建一个切角长方体，并将其命名为"椅座"，设置切角长方体的参数，如图 3.26 所示。

图3.26　创建切角长方体

04 将光标放置在"椅座"上，单击鼠标右键，在弹出的快捷菜单中执行【转换为】/【转换为可编辑多边形】命令，将球体转换为可编辑多边形对象，如图3.27所示。

05 确认"椅座"还处于选中状态，在修改命令面板中单击 修改器列表 ▼ 下拉按钮，在弹出的下拉列表中选择FFD3×3×3命令，如图3.28所示。

06 打开修改命令面板，在修改器堆栈中单击激活【控制点】子对象，如图3.29所示。

图3.27 转换为可编辑多边形　　图3.28 FFD3×3×3命令　　图3.29 激活控制点

07 在前视图中使用选框选择的方法选中如图3.30所示的控制点。

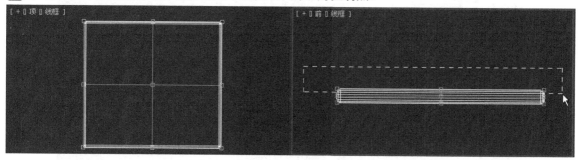

图3.30 选中控制点

08 激活工具栏上的 ▦（缩放工具），在前视图中沿着X轴压缩调整造型，效果如图3.31所示。

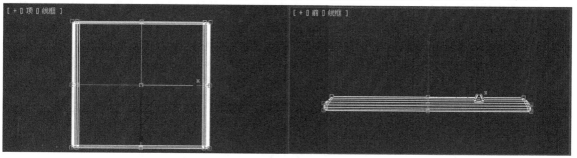

图3.31 调整控制点的位置

09 在前视图中选中如图3.32所示的控制点。

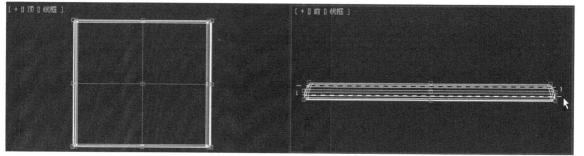

图3.32 选中控制点

10 在前视图中沿着X轴压缩调整造型，效果如图3.33所示。

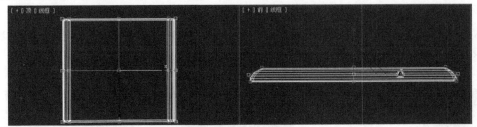

图3.33　调整控制点的位置

11 在修改器堆栈中再次单击关闭【控制点】子对象。

12 单击■（创建）/◎（几何体）/ 切角长方体 按钮，在顶视图中创建一个切角长方体，并将其命名为"椅底"，具体设置参数，如图3.34所示。

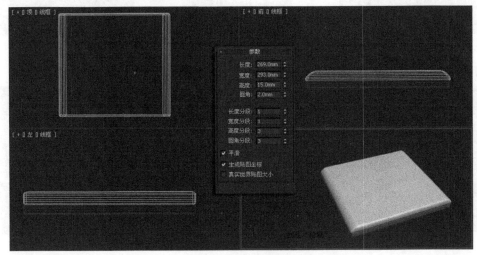

图3.34　创建"椅底"

13 在视图中同时选中"椅座"和"椅底"。单击工具栏中的◎（旋转）工具，在视图中旋转造型，效果如图3.35所示。

图3.35　旋转

14 单击■（创建）/◎（几何体）/ 长方体 按钮，在顶视图中创建一个长方体，并将其命名为"椅前腿"，具体设置参数，如图3.36所示。

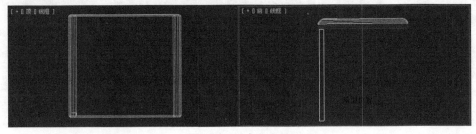

图3.36　创建长方体

15 按住键盘上的Shift键单击拖曳工具，在前视图中沿着X轴向右移动复制一个"椅前腿"，效果如图3.37所示。

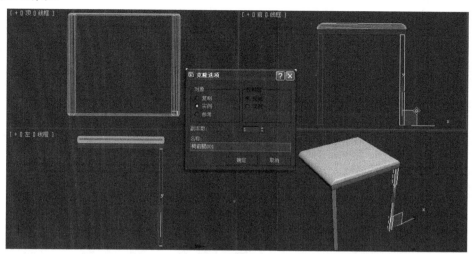

图3.37 复制

16 在顶视图中创建一个10mm×15mm×500mm的长方体，并将其命名为"椅后腿"，设置具体参数如图3.38所示。

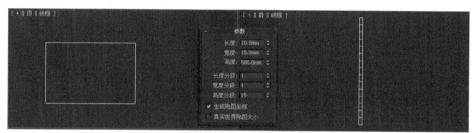

图3.38 创建长方体

17 在修改命令面板中单击 修改器列表 ▼ 下拉按钮，在弹出的下拉列表中执行FFD3×3×3命令，如图3.39所示。

18 打开修改命令面板，在修改器堆栈中单击激活【控制点】子对象，如图3.40所示。

图3.39 FFD3×3×3命令

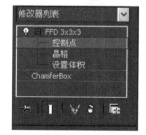

图3.40 激活控制点

19 激活控制点子对象，在左视图中调整造型的位置，效果如图3.41所示。

图3.41 调整控制点

20 按住键盘上的Shift键单击拖曳工具，在顶视图中沿着X轴向右移动复制一个"椅前腿"，效果如图3.42所示。

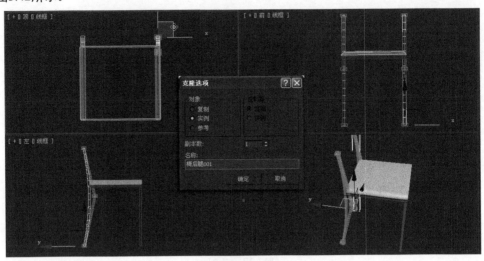

图3.42 复制

21 在工具栏上单击激活 (旋转) 工具，并在左视图中再次调整"椅座"和"椅底"的造型位置，效果如图3.43所示。

图3.43 旋转

22 在工具栏上单击激活 (移动) 工具，并在视图中调整"椅前腿"的造型位置，效果如图3.44所示。

图3.44 调整造型的位置

23 在前视图中创建一个切角长方体，并将其命名为"靠背"。设置具体参数，如图3.45所示。

图3.45 创建切角长方体

24 在视图中调整造型的位置，效果如图3.46所示。

图3.46　调整造型的位置

25 在修改命令面板中单击 修改器列表 ▾ 下拉按钮，在弹出的下拉列表中执行FFD3×3×3命令。

26 打开修改命令面板，在修改器堆栈中单击激活【控制点】子对象。

27 激活工具栏上的 ▦（缩放）工具，在前视图中调整造型的位置，效果如图3.47所示。

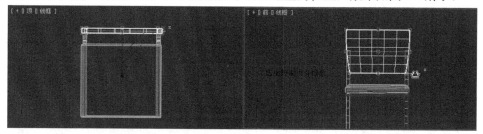

图3.47　调整造型

28 在左视图中选中如图3.48所示的控制点。

图3.48　选中控制点

29 激活工具栏上的 ✛（移动）工具，在左视图中沿着X轴向右移动，效果如图3.49所示。

图3.49　调整控制点

30 激活工具栏上的 ⟳（旋转）工具，在左视图中旋转"靠背"，效果如图3.50所示。

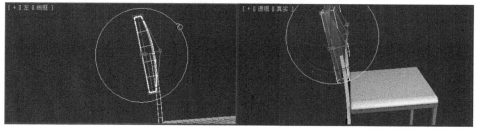

图3.50　旋转

31 在前视图中选中"靠背",激活工具栏上的 ■（缩放）工具,在前视图中对"靠背"进行缩放,效果如图3.51所示。

图3.51　缩放

32 至此,整个餐椅的建模过程全部结束,最终模型如图3.52所示。单击工作界面左上角的 ■ 按钮,执行【保存】命令,保存文件。

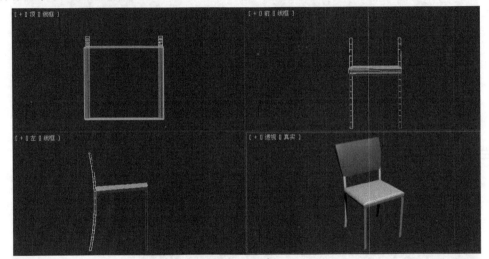

图3.52　完成建模

3.6　课后练习

1. 使用移动、选择、缩放工具,对标准几何体进行修改。
2. 使用标准几何体制作茶几,如图3.53所示。

图3.53　参考效果

第4课
修改三维几何体

通过几何体创建命令创建三维模型，往往不能完全符合我们的要求，这就需要对其进行修改。除了利用对象的各个参数进行修改以规范其造型外，3ds Max还提供了一系列的修改命令，可以使三维模型的形状、质量等得到改善，使模型更加符合我们的需求。

本课内容：

- 弯曲
- 锥化
- 扭曲
- 晶格
- 贴图置换
- 编辑多边形
- 使用修改命令制作室内小造型

3ds Max提供的主要修改器，如图4.1所示。

图4.1 修改器列表

4.1 弯曲

Bend（弯曲）修改器允许将当前选中对象围绕单独轴弯曲360°，在对象几何体中产生均匀弯曲。可以在任意三个轴上控制弯曲的角度和方向，也可以对几何体的一段限制弯曲。弯曲修改器堆栈及参数面板，如图4.2所示。

图4.2 修改器堆栈及参数面板

Gizmo(线框)：可以在此子对象层级上与其他对象一样对Gizmo进行变换并设置动画，也可以改变弯曲修改器的效果。转换Gizomo将以相等的距离转换它的中心，根据中心转动和缩放Gizmo。

Center（中心）：可以在子对象层级上平移中心并对其设置动画改变弯曲Gizmo的图形，并由此改变弯曲对象的图形。

角度：从顶点平面设置要弯曲的角度。

方向：设置弯曲相对于水平面的方向。

弯曲轴：指定要弯曲的轴向。

限制：可以将弯曲变换控制在一定区域。

上限：以世界单位设置上部边界，此边界位于弯曲中心点上方，超出此边界弯曲不再影响几何体。

下限：以世界单位设置下部边界，此边界位于弯曲中心点下方，超出此边界弯曲不再影响几何体。

弯曲模型效果，如图4.3所示。

图4.3 弯曲模型

4.2 锥化

Taper（锥化）修改器通过缩放对象几何体的两端，产生锥化轮廓，一段放大而另一端缩小。可以在两组轴上控制锥化的量和曲线，也可以对几何体的一段限制锥化。锥化修改器的参数面板如图4.4所示。

图4.4 参数面板

数量：用于控制锥化程度，也就是上下地面的缩放程度。

曲线：控制锥化后柱体曲线的程度。

主轴：锥化的中心轴或中心线，可选择X、Y或Z，默认为Z。

效果：用于设置主轴上锥化方向的轴或轴对。可用选项取决于主轴的选取，影响轴可以是剩下两个轴的任意一个，也可以是它们的合集。如果主轴是X，影响轴可以是Y、Z或YZ，默认设置为XY。

对称：围绕主轴产生对称轴化。锥化始终围绕影响轴对称，默认设置为禁用状态。

锥化模型效果，如图4.5所示。

图4.5 锥化模型

4.3 扭曲

Twist（扭曲）修改器在对象几何体中产生一个旋转效果。可以控制任意三个轴上扭曲的角度，并设置偏移来压缩扭曲相对于轴向效果，也可以对几何体的一段限制扭曲。扭曲修改器参数面板，如图4.6所示。

图4.6 参数面板

角度：确定围绕垂直轴扭曲的量。

偏移：此参数为负值时，对象扭曲会与Gizmo中心相邻；此值为正值时，对象扭曲远离于Gizmo中心；如果参数为0，将均匀扭曲。

扭曲轴：指定执行扭曲所沿着的轴。

扭曲模型效果，如图4.7所示。

图4.7 扭曲模型

4.4 晶格

晶格修改器将图形的线段或边转化为圆柱形结构,并在顶点上产生可选的关节多面体。使用它可基于网格拓扑创建可渲染的几何体结构,或作为获得线框渲染效果的另一种方法。晶格修改器参数面板,如图4.8所示。

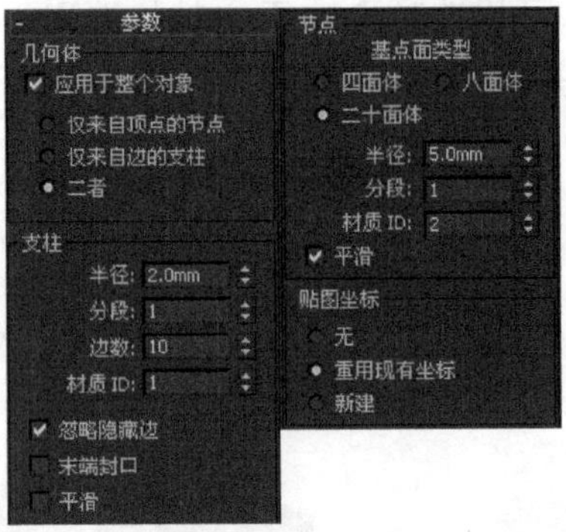

图4.8 参数面板

应用于整个对象:将"晶格"应用到对象的所有边或线段上。禁用时,仅将"晶格"应用到选中的子对象。默认设置为启用。

仅来自顶点的节点:仅显示由原始网格顶点产生的关节(多面体)。

仅来自边的支柱:仅显示由原始网格线段产生的支柱(多面体)。

二者:显示支柱和关节。

半径:指定结构半径。

分段:指定沿结构的分段数目。当需要使用后续修改器将结构变形或扭曲时,增加此值。

边数:指定结构周界的边数目。

材质ID:指定用于结构的材质ID。使结构和关节具有不同的材质ID,这样可以很容易地为它们指定不同的材质。

忽略隐藏边:仅生成可视边的结构,禁用时,将生成所有边的结构,包括不可见边。默认设置为启用。

末端封口:将末端封口应用于结构。

平滑:将平滑应用于结构。

基点面类型:指定用于关节的多面体类型。

晶格模型效果,如图4.9所示。

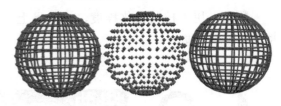

图4.9 晶格模型

4.5 贴图置换

置换修改器以力场的形式推动和重塑对象的几何外形。可以直接从修改器Gizmo应用它的变量力,或者从位图图像应用。置换修改器参数面板,如图4.10所示。

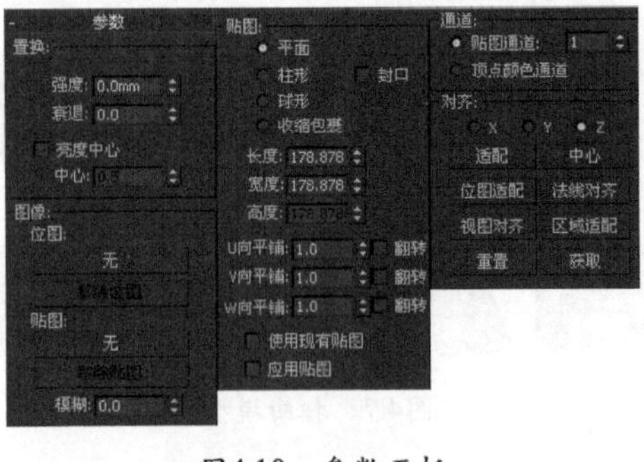

图4.10 参数面板

强度:设置为0.0时,没有任何效果;大于0.0的值会使对象几何体或粒子按偏离Gizmo所在位置的方向产生位移;小于0.0的值会使几何体朝Gizmo置换。默认设置是0.0。

衰退:根据距离变化置换强度。

亮度中心:决定"置换"使用什么层级的灰度作为0置换值。

位图:用于指定位图或贴图。设置完成后,这些按钮显示位图或贴图的名称。

贴图:移除指定的位图或贴图。

模糊：增加该值可以模糊或柔化位置置换的效果。

平面：从单独的平面对贴图进行投影。

柱形：像将其环绕在圆柱体上那样对贴图进行投影。启用"封口"选项可以从圆柱体的末端投射贴图副本。

球形：从球体出发对贴图进行投影，球体的顶部和底部，即位图边缘在球体两极的交汇均为极点。

收缩包裹：从球体投射贴图，但是它会截去贴图的各个角，然后在一个单独的极点将它们全部结合在一起，在底部创建一个极点。

长度、宽度、高度：指定"置换"Gizmo的边界框尺寸。高度对平面贴图没有任何影响。

U/V/W向平铺：设置位图沿指定尺寸重复的次数。默认值1.0时对位图执行只一次贴图操作，数值2.0对位图执行两次贴图操作，以此类推。

使用现有贴图：让"置换"使用堆栈中已有的贴图设置。如果没有对对象贴图，该功能就没有效果。

应用贴图：将"置换UV"贴图应用到绑定对象。该功能用于将材质贴图应用到使用与修改器一样贴图坐标的对象上。

贴图通道：选择该功能可以指定用于贴图UVW通道，使用它右侧的微调器设置通道数目。

顶点颜色通道：选择该功能可以对贴图使用顶点颜色通道。

x、y、z：沿三个轴翻转贴图Gizmo。

适配：缩放Gizmo以适配对象的边界框。

中心：相对于对象的中心调整Gizmo的中心。

位图适配：打开"选择位图"对话框。缩放Gizmo以适配选定位图的纵横比。

法线对齐：启用"拾取"模式可以选择曲面。Gizmo对齐于那个曲面的法线。

视图对齐：使Gizmo指向视图的方向。

区域适配：启用"拾取"模式可以拖动两个点，缩放Gizmo以适配指定区域。

重置：将Gizmo返回到默认值。

获取：启用"拾取"模式可以选择另一个对象并获得它的"置换"Gizmo设置。

4.6 编辑多边形

编辑多边形修改器为选定的对象（顶点、边、边界、多边形和元素）提供显示编辑工具。编辑多边形修改器包括基础"可编辑多边形"对象的大多数功能，但不包含"顶点颜色"信息、"细分曲面"卷展栏、"权重和折逢"设置和"细分置换"卷展栏。使用编辑多边形，可设置子对象变换的动画。另外，由于它是一个修改器，所以可保留对象创建参数并在以后作出更改。编辑多边形堆栈，如图4.11所示。

图4.11 编辑多边形堆栈

4.6.1 顶点

顶点是位于相应位置的点，它们构成多边形对象的其他子对象的结构。当移动或编辑顶点时，它们形成的几何体也会受影响。顶点也可以独立存在，这些独立顶点可以用来构建其他几何体，但在渲染时，它们是不可见的。在编辑多边形的顶点子对象中，主要利用编辑顶点和编辑几何体卷展栏中的命令，如图4.12所示。

图4.12 编辑顶点与编辑几何体卷展栏

移除 ：删除选中的顶点，并将使用它们的多边形结合起来。快捷键是Backspace。

断开 ：在与选定顶点相连的每个多边形上都创建一个新顶点，多边形的角原来是连在原始顶点上的，这项操作可使它们互相断开，如果顶点是孤立的，或者只有一个多边形使用，则顶点将不受影响。

挤出 ：挤出顶点时，它会沿法线方向移动，并且创建新的多边形，形成挤出的面，将顶点与对象相连。挤出对象的面的数目，与原来使用挤出顶点的多边形数目一样。

焊接 ：对"焊接"对话框中指定的公差范围之内连续的、选中的顶点进行合并，所有边都会与产生的单个顶点连接。如果结合体区域有几个接近的顶点，那么它最适合用焊接来进行自动简化。

切角 ：单击此按钮，然后在活动对象中拖动顶点。要使用数字将顶点切角，则单击"切角设置"按钮，然后调整"切角量"值。如果切角多个选定顶点，那么它们都会被同样地切角。如果拖动了一个未选中的顶点，那么任何选定的顶点都会先被取消选定。

目标焊接 ：可以选择一个顶点，并将它焊接到目标顶点，当光标处在顶点之上时，它会变成"+"形状。单击并移动鼠标会出现一条虚线，虚线的一端是顶点，另一端是箭头

光标。将光标放在附近的顶点之上，当再次出现"+"时，单击鼠标，第一个顶点移到了第二个的位置上，它们两个即焊接在一起。

连接 ：在选中的顶点之间，创建新的边。

移除孤立顶点 ：将不属于任何多边形的所有顶点删除。

移除未使用的贴图顶点 ：某些建模操作会留下未使用的贴图顶点，它们会显示在"展开UVW"编辑器中，但是不能用于贴图。可以利用这一按钮，自动删除这些贴图顶点。

重复上一个 ：重复最近使用的命令。

约束：使用现有的几何体约束子对象的变换。

创建 ：创建新的几何体。此按钮的使用方式取决于活动的级别。

塌陷 ：通过将其顶点与选择中心的端点焊接，使连续选定子对象的组产生塌陷。

附加 ：用于将场景中的其他对象附加到选定的可编辑多边形中。可以附加任何类型的对象，包括样条线、片面对象和NURBS曲面。附加非网格对象时，可以将其先转化成可编辑多边形格式，再选择要附加到当前选定多边形对象中的对象。

分离 ：将选定的子对象和附加到子对象的多边形作为单独的对象或元素进行分离。

切片平面 ：为切片平面创建Gizmo，可以定位和旋转它，从而指定切片位置。另外，还可以单击启用"切片"和"重置平面"按钮。如果捕捉处于禁用状态，那么在转换切片平面时，可以看见切片预览。要执行切片操作，则单击"切片"按钮。

快速切片 ：可以将对象快速切片，而不操纵Gizmo。选择对象并单击"快速切片"按钮，然后在切片的起点处单击一次，然后在其终点处单击一次，执行命令时，可以继续对选定内容执行切片操作。

切割 ：用于创建一个多边形到另一个多边形的边，或在多边形内创建边。单击起点，并移动光标，然后再单击，再移动和单击，以创建新的连接边。右键单击一次，退

出当前切割操作，并可以开始新的切割，或者再次右键单击退出"切割"模式。

网格平滑：使用当前设置平滑对象。此命令使用细分功能，它与"网格平滑"修改器中的"NURMS细分"类似，但是与"NURMS细分"不同的是，它立即将平滑应用到控制网格的选定区域上。

细化：根据细化设置细分对象中的所有多边形。

平面化：强制所有选定的子对象成为共面，该平面的法线是选择的平均曲面法线。

视图对齐：使对象中的所有顶点与活动视图所在的平面对齐，如果子对象模式处于活动状态，则该功能只能影响选定的顶点或那些属于选定子对象的顶点。如果活动视图是前视图，则使用"视图对齐"与对齐构建网格（主网格处于活动状态时）一样。与透视图（包括"摄影机"和"灯光"视图）对齐时，将会对顶点进行重定向，使其与某个平面对齐。其中，该平面与摄影机的查看平面平行。该平面与距离顶点的平均位置最近的查看方向垂直。

栅格对齐：使选定对象中的所有顶点与活动视图所在的平面对齐。如果子对象模型处于活跃状态，则该功能只适用于选定的子对象。该功能可以使选定的顶点与当前的构建平面对齐。启用主栅格的情况下，当前平面由活动视图指定。使用栅格对象时，当前平面是活动的栅格对象。

松弛：在"松弛"对话框中进行设置，可以将"松弛"功能应用于当前的选定内容。"松弛"可以规格化网格空间，方法是朝着邻近对象的平均位置移动每个顶点，其工作方式与"松弛"修改器相同。

隐藏选定对象：隐藏任意所选子对象。

全部取消隐藏：还原任何隐藏子对象，使之可见。

隐藏未选定对象：隐藏为选定的任意子对象。

复制：打开一个对话框，指定要放置在复制缓冲区中的命名选择集。

顶点命令应用效果，如图4.13所示。

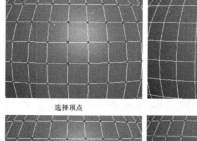

图4.13 顶点命令的应用

4.6.2 边

边是连接两个顶点的直线，它可以作为多边形的边。边不能由两个以上多边形共享。在编辑多边形的边子对象时，主要应用编辑边和编辑几何体卷展栏中的命令，如图4.14所示。

插入顶点：用于手动细分可视的边。

移除：删除选定边，并组合使用这些边的多边形。

分割：沿着选定边分割网格。

挤出：如果在执行手动挤出后单击该按钮，当前选定对象与预览对象上执行的挤出效

图4.14 编辑边与编辑几何体卷展栏

果相同。此时，会打开该对话框，其中"挤出高度"值为最后一次挤出时的高度值。

焊接：只能焊接仅附着一个多边形的边，也就是边界上的边。另外，不能执行会生成非法几何体的焊接操作，例如两个以上多边形共享边的焊接操作。

切角：如果对多个选定的边进行切角处理，则这些边的切角效果相同。如果拖动未选择的边，软件将先取消任何已选择边的选定状态。

目标焊接：选择边并将其焊接到目标边。将光标放在边上时，光标会变成"+"形状。单击并移动鼠标会出现一条虚线，虚线的一端是顶点，另一端是箭头光标。将光标放在其他边上，如果光标再次显示为"+"形状，则单击鼠标。此时，第一条边将会移到第二条边的位置，从而将两条边焊接在一起。

桥：使用多边形的"桥"连接对象的边。桥只连接边界边，也就是只在一侧有多边形的边。创建边循环或剖面时，该工具特别有用。

连接：在每对选定边之间创建新边。此功能对创建或细化边循环特别有用。

利用所选内容创建图形：选择一条或多条边

后，单击此按钮，打开"创建图形设置"对话框，通过设置可创建一个或多个样条线形状。

编辑三角形：通过绘制对角线将多边形细分为三角形。

旋转：通过单击对角线修改多边形，将其细分为三角形，激活"旋转"模式时，对角线可以在线框和边面视图中显示为虚线，在"旋转"模式，则在视图中右键单击或再次单击 **旋转** 按钮。

编辑几何体卷展栏命令与顶点对应卷展栏一样，在这里就不做解释了，边命令应用效果如图4.15所示。

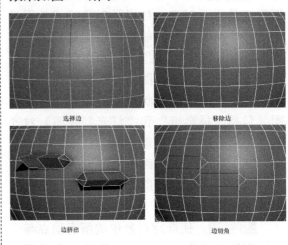

选择边　　　　　　　移除边

边挤出　　　　　　　边切角

图4.15　边命令应用效果

4.6.3　边界

边界是网格的线性部分，通常可以描述为孔洞的边缘。它通常是多边形仅位于一面时的边序列。例如，长方体没有边界，但茶壶对象有若干边界，壶盖、壶身和壶嘴上有边界，还有两个在壶把上。如果创建圆柱体，然后删除末端多边形，相邻的一行边会形成边界。边界的编辑卷展栏，如图4.16所示。

图4.16　边界编辑卷展栏

挤出：如果在执行手动挤出后单击该按钮，当前选定对象和预览对象上执行的挤出效果相同。此时，会打开该对话框，其中"挤出高度"值为最后一次挤出时的高度值。

插入顶点：启用"插入顶点"后，单击边界边即可在该位置处添加顶点，可以连续细分边界边。要停止插入顶点，则在视图右击，或者重新单击"插入顶点"按钮。

切角：如果对多个选定的边进行切角处理，则这些边的切角效果相同。如果拖动未选择的边，则会先取消选择所有选定的边界。

封口：使用单个多边形封住整个边界环。

桥：使用多边形的"桥"连接对象的两个边界。

连接：在选定边界边之间创建新边，这些边可以通过其中点相连。

利用所选内容创建图形：选择一个或多个边界后，单击此按钮，打开"创建图形设置"对话框，通过设置可创建一个或多个样条线形状。

4.6.4 多边形、元素

多边形是通过曲面连接的三条或多条边的封闭序列，在"编辑多边形"（多边形）子对象层级下，可选择单个或多个多边形，然后使用标准的方法变换它们，这与"元素"子对象层级相似。编辑多边形和编辑元素卷展栏，如图4.17所示。

图4.17 编辑多边形和编辑元素卷展栏

轮廓：用于增加或减小每组连续选定的多边形外边。执行挤出或倒角操作后，通常可以使用"轮廓"调整挤出面的大小。它不会缩放多边形，只会更改外边的大小。

倒角：直接在视图中操纵，执行手动倒角操作。单击此按钮，然后垂直拖动任何多边形，以将其挤出。释放鼠标，然后垂直移动光标，以设置挤出轮廓。

插入：执行没有高度的倒角操作，即在选定多边形的平面内执行该操作。单击此按钮，然后垂直拖动任何多边形，以将其插入。

从边旋转：通过在视图中直接操作，执行手动旋转操作。选择多边形，并单击该按钮，然后沿着垂直方向拖动任何边，以旋转选定多边形。如果光标在某条边上，将会变为十字形状。

沿样条线挤出：沿样条线挤出当前的选定内容。

编辑三角剖分：用户可以通过绘制内边，将多边形细分为三角形。

重复三角算法：在当前选定的一个或多个多边形上执行最佳三角剖分。

旋转：通过单击对角线修改多边形细分为三角形，激活"旋转"模式时，对角线可以在线框和边面视图中显示为虚线，在"旋转"模式下，单击对角线可更改其位置。要退出"旋转"模式，则在视图中右击或再次单击"旋转"按钮。

多边形命令效果，如图4.18所示。

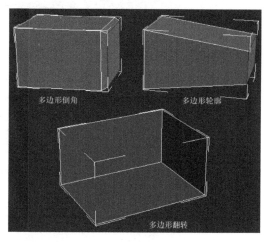

4.18 多边形效果图

4.7 使用修改命令制作室内小造型

沙发是现代家居生活中最为常见的家具之一，是家居生活中实用与装饰完美结合的代表家具，其品质高低可以体现出主人的性情、爱好及生活品味。

本例主要运用切角长方体和球体进行沙发主体的制作，然后运用FFD系列工具进行变形操作，效果如图4.19所示。

图4.19 沙发

01 在桌面上双击◎图标，启动3ds Max 2012中文版应用程序。

02 单击◎ / 标准基本体 ▼右侧的小按钮，选择 扩展基本体 ▼选项，然后单击 切角长方体 按钮，
在顶视图中创建一个切角长方体，并将其命名为"沙发底"，参数设置如图4.20所示。

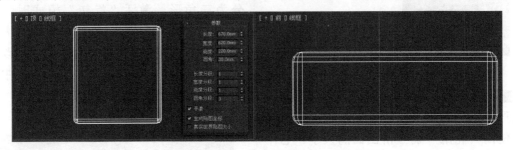

图4.20 创建的造型

03 在视图中确认选中"沙发底"，按住Shift键，在前视图中沿着Y轴向上拖动鼠标，将其复制一
个，并修改其高度为80mm，将其命名为"沙发底A"，修改后的造型位置如图4.21所示。

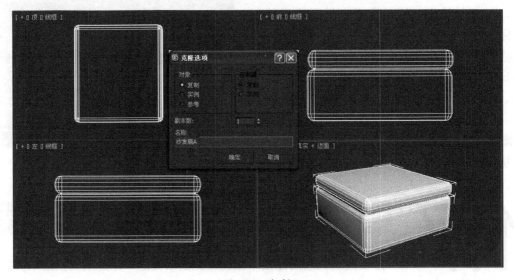

图4.21 复制

04 使用同样的方法，单击 切角长方体 按钮，在顶视图中再创建一个切角长方体，并将其命名为"沙
发垫"，如图4.22所示。

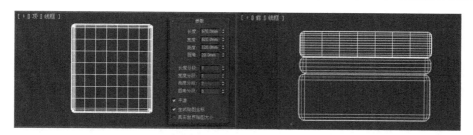

图4.22 创建切角长方体

05 单击 ◢ 按钮，进入修改面板，为"沙发垫"添加一个FFD（长方体）修改器，激活【控制点】子对象，选中如图4.23所示的控制点。

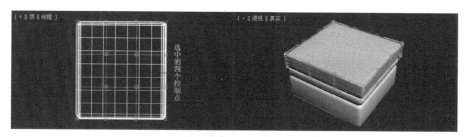

图4.23 FFD（长方体）修改器

06 在前视图中将选中的控制点沿Y轴向上拖动，得到的造型效果，如图4.24所示。

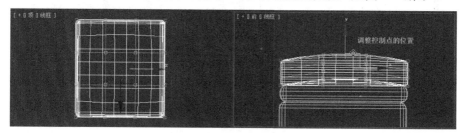

图4.24 调整控制点的位置

07 单击 切角长方体 按钮，在前视图中创建一个切角长方体，并将其命名为"沙发底背"，如图4.25所示。

图4.25 创建沙发底背

08 在视图中调整"沙发底背"的位置，然后单击 ◢ 按钮，进入修改面板，为"沙发底背"添加一个FFD（长方体）修改器，如图4.26所示。

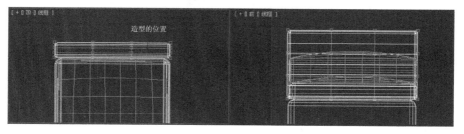

图4.26 造型的位置

09 激活【控制点】子对象，在左视图中选中"沙发底背"最上方的两组控制点，沿X轴向左拖动，如图4.27所示。

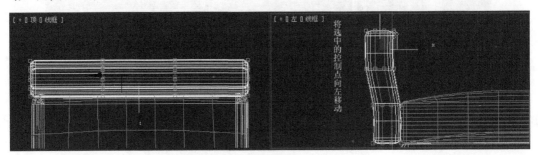

图4.27 调整控制点

10 再用同样的方法在左视图中选中最上方的一组控制点，沿X轴向左拖动调整位置，如图4.28所示。

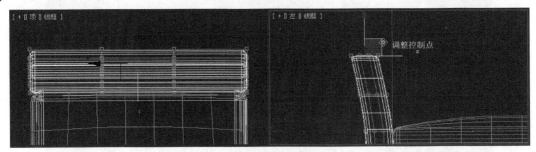

图4.28 调整控制点的位置

11 单击工具栏中的◻（选择并均匀缩放）工具，在前视图中沿X轴向右拖动鼠标进行缩放，如图4.29所示。

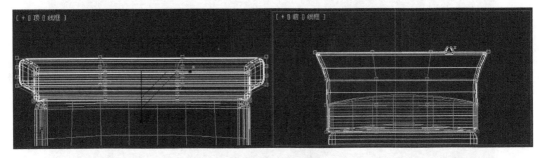

图4.29 调整造型形状

12 在修改器堆栈中单击关闭【控制点】子对象，"沙发底背"创建完成。单击 切角长方体 按钮，在左视图中创建一个切角长方体，并将其命名为"扶手"，造型位置如图4.30所示。

图4.30 创建扶手

13 为"扶手"添加一个FFD3×3×3修改器，然后激活【控制点】子对象，在前视图中选中造型最上方的一组控制点，沿X轴向左移动，造型如图4.31所示。

图4.31 调整控制点的位置

14 在前视图中单击 (镜像) 按钮,将"扶手"镜像复制一个,在弹出的对话框中设置参数,复制得到的造型位置,如图4.32所示。

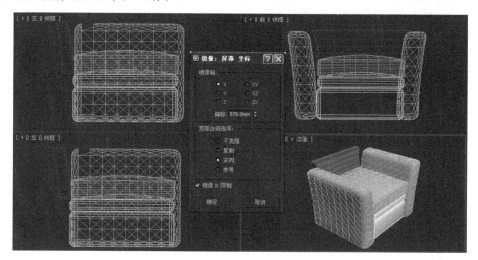

图4.32 镜像

15 在视图中选中"沙发垫",按住键盘上的Shift键单击拖曳,将其复制一个,并将其命名为"靠背",然后在工具栏中激活 (选择并缩放) 工具,在左视图中将其沿着X轴旋转70°,并在视图中调整其位置,如图4.33所示。

图4.33 旋转

16 激活工具栏上的 (选择并均匀缩放) 工具,在前视图中根据沙发的整体沿Y轴向下拖动鼠标进行压缩,压缩后的造型效果,如图4.34所示。

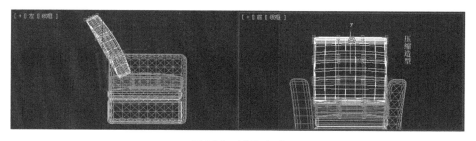

图4.34 调整造型

17 在视图中调整造型的位置,如图4.35所示。

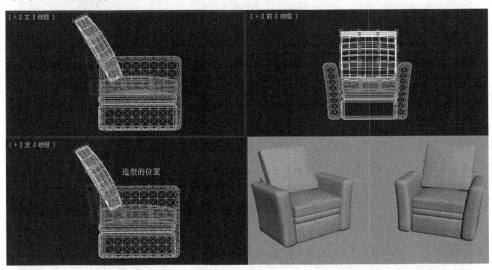

图4.35 造型的位置

18 至此,现代沙发的模型制作完成,读者也可以根据个人的喜好添加轮子、抱枕等物品。

16 单击【保存】按钮,将文件保存为"沙发.max"文件。

4.8 课后练习

1. 使用挤出修改命令制作餐桌,如图4.36所示。

图4.36 参考效果

2. 使用FFD4×4×4修改器制作休闲椅,如图4.37所示。

图4.37 参考效果

第5课
绘制二维图形

二维图形是构成其他形体的基础，
本课讲述如何调整二维图形。

本课内容：
- 使用AutoCAD图纸
- 绘制图形
- 可编辑样条线的使用
- 调整顶点
- 调整线段
- 调整样条线
- 绘制室内铁艺

5.1 使用CAD图纸

AutoCAD始于20世纪60年代，AutoCAD含义是计算机辅助设计，是计算机技术的一个重要应用领域，AutoCAD是美国AutoDesk公司研究开发的通用计算机辅助绘图和设计软件，它具有灵活、快捷、高效和个性化等特点，功能强大，在运行速度、图形处理、网络功能等方面达到了较高的水平。在室内设计中，AutoCAD主要应用于模型的创建，在这个过程中AutoCAD的作用表现为两个方面，绘制平面图和直接创建三维几何体。AutoCAD启动界面如图5.1所示。

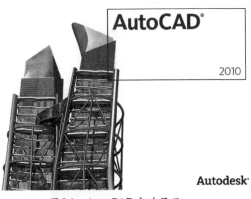

图5.1 AutoCAD启动界面

在室内效果制作中，AutoCAD主要应用于绘制户型平面图，然后将平面图导入3ds Max中，参照平面图可以快速、准确地创建出三维图形，下面简单介绍一下AutoCAD平面图导入3ds Max中的方法。

01 双击 图标，在AutoCAD中打开"时尚简约一室一厅户型图.dwg"文件。明确空间的结构，并删除不必要的标注信息，精简图纸，以便后面导入3ds Max中使用，如图5.2所示。

02 启动3ds Max 2012，单击 按钮，在弹出的菜单中执行"导入"命令，在弹出的对话框中选择随书光盘中" "文件，然后单击 打开(O) 按钮，将其导入3ds Max中，如图5.3所示。

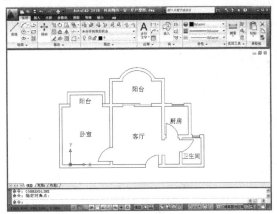

图5.2 简化图纸

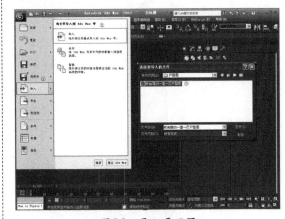

图5.3 导入平面图

03 导入平面图后的效果，如图5.4所示。

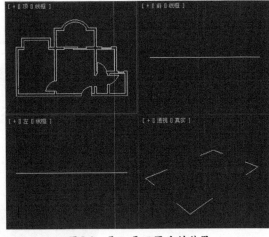

图5.4 导入平面图后的效果

将CAD图纸导入3ds Max后，就可以参照平面图准确地创建三维模型。

5.2 绘制图形

单击创建命令面板中的■按钮，进入二维图形命令面板，面板中共有11种样条线曲线类型，如图5.5所示。

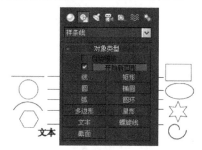

图5.5 二维图形命令面板

图5.6 渲染和差值卷展栏

这11种样条曲线创建工具的参数略有不同，但因为都是创建样条线的工具，所以参数面板中有一个部分参数的作用是一样的，主要是渲染和差值卷展栏下的参数。如图5.6所示。

在渲染中启用：启用该选项后，使用为渲染器设置的径向和矩形参数将图形渲染为3D网格。

在视口中启用：启用该选项后，使用为渲染器设置的径向或矩形参数将图形作为3D网格显示在视口中。在以前版本软件中，"显示渲染网格"参数执行与此相同的操作。

径向：将3D网格显示为圆柱形对象，可以设置厚度、边数和角度。

矩形：将样条线网格图形显示为矩形，可以设置长度、宽度、角度和纵横比。

步数：样条线步数可以自适应或者手动指定。当"自适应"处于禁用状态时，使用"步数"右侧的微调器可以设置每个顶点之间划分的数目。带有急剧曲线的样条线需要许多步数才能显得平滑，而平缓曲线则需要较少的步数。该参数取值范围为0~100。

5.3 可编辑样条线的使用

基本样条线可以转化为可编辑样条线。可编辑样条线包含各种控件，用于直接操纵自身及其子对象。例如，在"顶点"子对象层级下，可以移动顶点或调整Bezier控制柄，使用可编辑样条线，可以创建没有基本样条线选项规则，但比其形式更加自由的图形。

▌5.3.1 转换可编辑样条线

【线】工具绘制的二维图形是可编辑样条曲线，自身具有三个级别的次级物体，修改起来非常方便，而其他工具绘制的二维图形不是可编辑样条曲线，需要通过转换的方法使用其成为可编辑样条线。将图形转换为可编辑样条线有两种方法。

1. 右键菜单转换样条线

在视图中选中绘制的图形，然后单击鼠标右键，在弹出的快捷菜单中执行【转换为】／【转换为可编辑样条线】命令，如图5.7所示。

图5.7　执行"转化为样条线"命令

通过右键菜单转换样条线，修改器堆栈如图5.8所示。

图5.8　修改器堆栈

2．添加编辑样条线修改器

选择绘制的图形，在修改器列表下拉列表中执行"编辑样条线"命令，如图5.9所示。

图5.9　添加编辑样条线修改器

5.3.2　样条线对象修改器

在可编辑样条线对象层级下（没有子对象层级处于活动状态时），可用的功能同样可以在所有子对象层级下使用，并且在各个层级下的作用方式完全相同，其对应卷展栏

如图5.10所示。

图5.10　几何体卷展栏

新顶点类型：可使用此组中的单选按钮确定在按住Shift键克隆线段或样条线时创建的新顶点切线，如果之后使用"连接复制"，则连接原始线段（或样条线）与新线段（或样条线）的样条线，其上的顶点具有指定的类型。

创建线：将更多样条线添加到所选样条线。这些线是独立的样条线子对象，创建方式与创建线形样条线的方式相同。要退出线的创建，则单击或右键单击，以停止创建。

附加：允许用户将场景中的另一个样条线附加到所选样条线。单击要附加到当前选定的样条线对象。用户要附加到的对象也必须是样条线。

附加多个：单击此按钮可以打开"附加多个"对话框，它包含场景中所有其他图形的列表。选择要附加到当前可编辑样条线的形状，然后单击"确定"按钮。

横截面：在横截面形状外面创建样条线框架。单击"横截面"按钮，选择一个形状，然后选择第二个形状，将创建连接这两个形状的样条线。继续单击形状将其添加到框架。此功能与"横截面"修改器相似，但用户可以在此确定横截面的顺序。与"新顶点类型"组中选择"线性"、Bezier、"Bezier角点"或"平滑"，可以定义样条线框架切线。

5.4 调整顶点

将图形转换为可编辑样条线后，单击修改器堆栈总的顶点子对象，在这个层级的修改命令面板中，几何体卷展栏下有几个常用的工具按钮，如图5.11所示。

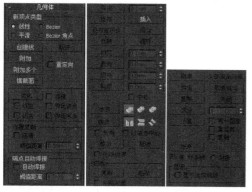

图5.11 顶点子对象几何体卷展栏

优化：在样条线上单击鼠标左键，在不改变曲线形状的前提下增加点。

自动焊接：移动样条曲线的一个端点，当其与另一个端点的距离小于阈值距离设定的数值时，两个点就自动焊接为一个点。

焊接：选取要焊接的点，在按钮旁边的文本框中输入大于两点距离的值，单击该按钮就把两点焊接在一起了。

连接：连接两个端点顶点以生成一个线性线段，而不管端点顶点的切线值是多少。单击 **连接** 按钮，将光标移到某个端点顶点，当光标变成十字形状时，从一个端点顶点拖到另一个端点顶点。

插入：插入一个或多个顶点，以创建其他线段。单击线段中的任意某处可以插入顶点并将光标附到样条线，然后可以选择性地移动鼠标并单击，以放置新顶点。单击一次可以插入一个角点顶点，而拖动则可以创建一个Bezier（平滑）顶点。

设为首顶点：指定所选形状中哪个顶点是第一个顶点。选择要更改的当前已编辑形状中每个样条线上的顶点，然后单击 设为首顶点 按钮。

熔合：将所有选定顶点移至它们的平均中心位置。

循环：选择连续的重叠顶点。选择两个或更多在3D空间中处于同一个位置的顶点中的一个，然后重复单击，直接选中了想要的顶点。

相交：在属于同一个样条线对象的两个样条线的相交处添加顶点。单击"相交"按钮，然后单击两个样条线之间的相交点。如果样条线之间的距离在"相交阈值"设置的距离内，单击的顶点将添加到两个样条线上。

圆角：在线段汇合的地方设置圆角，添加新的控制点。用户可以交互地（通过拖动顶点）应用此效果，也可以使用"圆角"微调器来应用此效果。单击 **圆角** 按钮，然后在活动对象中拖动顶点。拖动时"圆角"微调器将相应更新，以指示当前的圆角量。

切角：设置形状角部的切角。单击 **切角** 按钮，然后在活动对象中拖动顶点，"切角"微调器将更新显示拖动的切角量。

隐藏：隐藏所选中点和任何相连的线段。选择一个或多个顶点，然后单击 **隐藏** 按钮即可。

全部取消隐藏：显示任何隐藏的子对象。

绑定：创建绑定顶点。单击 **绑定** 按钮，然后从当前选择的任何端点顶点处拖到当前选择中的任何线段上。拖动之前，光标会变成十字形状。在拖动过程中，会出现一条连接顶点和当前鼠标位置的虚线，当光标经过合格的线段时，会变成一个连接符号，释放鼠标，顶点会跳至该线段的中心，并绑定到该中心。

取消绑定：断开绑定顶点与所附加线段的连接。选择一个或多个绑定顶点，然后单击 **取消绑定** 按钮。

删除：删除所选的一个或多个顶点，以及与每个要删除的顶点相连的线段。

在这个层级下修改样条线主要包括三个方面的内容。

1．通过改变顶点的类型、位置或增删顶点来改变样条线。

选中编辑样条线上的某一点，在其上单击鼠标右键，在弹出的右键菜单中可以看到，顶点可以变换为4种类型，即角点、Bezier（贝塞尔）、Bezier角点、平滑，如图5.12所示。

图5.12 顶点的4种类型

2．闭合开放样条线

闭合开发样条线可以采用 焊接 （焊接）方式，也可以采取 连接 （连接）方式，如

图5.13所示。

图5.13 闭合开放样条线

3．合并多条样条线

合并是二维图形创建过程中使用非常频繁的命令，经常与挤出命令配合使用。合并样条线使用的命令是附加，使原来的多个图形个体，成为一个整体的样条线，如图5.14所示。

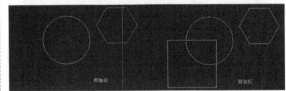

图5.14 附加前后效果

5.5 调整样条线

线段是样条线曲线的一部分，在两个顶点之间。在"可编辑样条线（线段）"层级下，可以选择一条或多条线段，并使用标准方法移动、旋转、缩放或复制它。单击修改器堆栈中的线段子对象，进入线段编辑层级，在这个层级下，常用的工具按钮，如图5.15所示。

图5.15 常用工具按钮

拆分 ：调节微调器，并指定顶点数来细分所选线段。选择一个或多个线段，设置"拆分"微调器（在按钮的右侧），然后单击 拆分 按钮，如图5.16所示，每个所选线段将被"拆分"为指定的顶点数。顶点之间的距离取决于线段的相对曲率，曲率越高的区域得到的顶点很多。

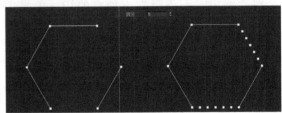

图5.16 拆分线段

分离 ：选择不同样条线中的几个线段，然后拆分（或复制）它们，以构成一个新图形。有以下3个可用选项。

同一图形：启用后，将禁用"重定向分"选项，并且"分离"操纵将使分离的线段保持为形状的一部分。如果还启用了"复制"选项，则可以结束在同一位置进行的线段分离副本。

重定向：分离的线段复制源对象的局部坐标系的位置和方向。此时，将会移动和旋转新的分离对象，以便对局部坐标系进行定位，并使其与当前活动栅格的原点对齐。

复制：复制分离线段，而不是移动它。

5.6 调整样条线

在"可编辑样条线（样条线）"层级下，用户可以选择一个样条线对象中的一个或多个样条线，并使用标准方法移动、旋转和缩放它们。单击修改器堆栈中样条线子对象，进入样条线编辑层级。在这个层级下，常用修改命令如图5.17所示。

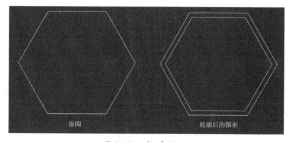

图5.17 常用修改命令

轮廓：为使由二维图形生成的建筑构件产生一定的厚度，需要给曲线加一个轮廓，如图5.18所示。制作轮廓的方法有两种，一是单击 轮廓 按钮，在视图中拖曳选中的二维图形；二是在按钮后面的文本框中输入数值，按下Enter键确认。

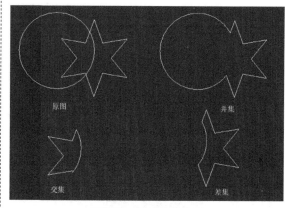

图5.18 轮廓图形

布尔：二维布尔运算有3种类型，即 （并集）、 （差集）、 （合集）。要进行二维布尔运算，必须符合以下几个要求。

（1）样条线必须是封闭的，且本身不能有相交的情况，样条线之间必须充分相交。

（2）进行布尔运算的样条曲线必须是一个对象，通常用附加命令来合并样条线。

（3）布尔运算不能应用于用"关联复制"和"参考复制"复制出的样条曲线。

二维图形的布尔运算效果，如图5.19所示。

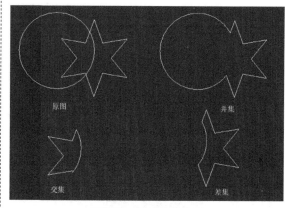

图5.19 布尔运算效果

镜像（镜像）：可以对选择的对象进行垂直、水平和对角线镜像操作。包括 （水平镜像）、 （垂直镜像）、 （双向镜像），镜像效果如图5.20所示。

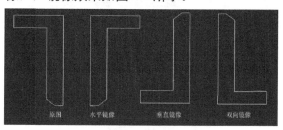

图5.20 镜像效果

复制：复制选择后，在镜像样条线时复制（而不是移动）样条线。

以轴为中心：启用后，以样条线对象的轴点为中心镜像样条线；禁用后，以它的几何体中心为中心镜像样条线。

5.7 绘制铁艺

二维图形在指定渲染后，渲染时是以圆柱的形式存在的。因此，使用二维图形勾画出轮廓后，并指定渲染值，可以创建铁艺等造型，下面介绍铁艺的制作过程，效果如图5.21所示。

图5.21　铁艺

01 在桌面上双击◎图标，启动3ds Max 2012中文版应用程序，并将单位设置为"毫米"。

02 单击 矩形 按钮，在前视图中绘制一个大小为 110mm×300mm 的参考矩形，如图 5.22 所示。

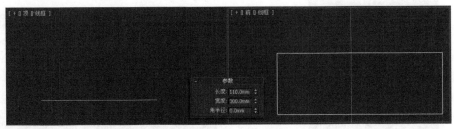

图5.22　绘制参考矩形

03 单击 线 按钮，在矩形内绘制一条闭合的曲线，并将其命名为"铁艺A"，如图5.23所示。

04 选中"铁艺A"，在修改器堆栈中激活【顶点】子对象，如图5.24所示。

图5.23　绘制的曲线

图5.24　修改器堆栈

05 在前视图中选中如图5.25所示的顶点，单击鼠标右键，在弹出的右键快捷菜单中选择Bezier选项。

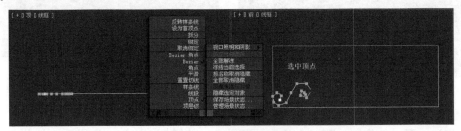

图5.25　选择Bezier选项

06 当顶点变成Bezier时，出现了控制柄，按住鼠标左键拖动绿色的控制点，可以使顶点变圆滑，如图5.26所示。

图5.26 调整控制点

07 按照上述的方法，在前视图中调整各顶点，调整顶点后的图形，如图5.27所示。

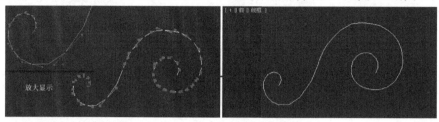

图5.27 调整顶点后的图形

08 激活【样条线】子对象，在【几何体】卷展栏下的 轮廓 后的文本框中输入-5，按Enter键确认轮廓后的图形，如图5.28所示。

09 在【渲染】卷展栏下勾选【在渲染中启用】和【在视口中启用】选项，设置【厚度】参数，如图5.29所示。

图5.28 轮廓　　　　　　　　　　　　　　　　　图5.29 参数设置

10 在【插值】卷展栏中勾选【自适应】选项，如图5.30所示。

11 激活【顶点】子对象，在视图中稍微调整一下顶点，使造型更圆滑，如图5.31所示。

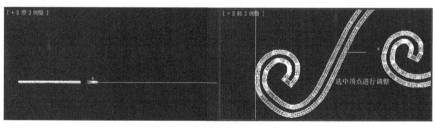

图5.30 参数设置　　　　　　　　　　　　图5.31 调整顶点

12 "铁艺A"已经制作完成了，效果如图5.32所示。

图5.32 "铁艺A"制作完成

13 单击▬▬线▬▬按钮，在前视图绘制一条曲线，并将其命名为"铁艺B"，如图5.33所示。

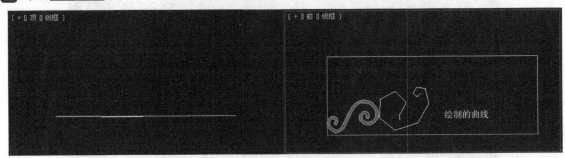

图5.33 绘制曲线

14 按照上述的方法，在前视图中调整各顶点，效果如图5.34所示。

图5.34 调整后的曲线

15 激活【样条线】子对象，在【几何体】卷展栏中单击▬轮廓▬后的文本框中输入3，按Enter键确认轮廓后的图形，如图5.35所示。

16 在【渲染】卷展栏下勾选【在渲染中启用】和【在视口中启用】选项，设置【厚度】参数，如图5.36所示。

图5.35 轮廓   图5.36 参数设置

17 在【插值】卷展栏下勾选【自适应】选项，如图5.37所示。

18 激活【顶点】子对象，在前视图中稍微调整一下顶点，使造型更圆滑，最终效果如图5.38所示。

图5.37 参数设置   图5.38 调整顶点

19 至此，"铁艺B"已经全部制作完成了。

20 单击▬▬线▬▬按钮，在前视图中绘制一条曲线，并将其命名为"铁艺C"，如图5.39所示。

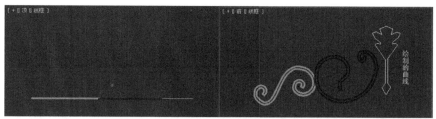

图5.39　绘制的曲线

21 选中"铁艺C"，在修改器堆栈中激活【顶点】子对象，在前视图中调整各顶点，调整后的图形如图5.40所示。

22 在【渲染】卷展栏下勾选【在渲染中启用】和【在视口中启用】选项，设置【厚度】参数，如图5.41所示。

图5.40　调整顶点

图5.41　参数设置

23 在【插值】卷展栏下勾选【自适应】选项，如图5.42所示。

24 激活【顶点】子对象，在前视图中稍微调整一下顶点，使造型更圆滑，效果如图5.43所示。

图5.42　参数设置

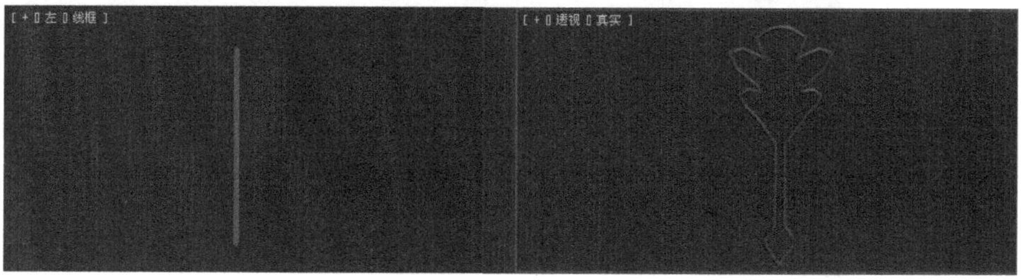

图5.43　调整造型

25 至此。"铁艺C"已经制作完成了。

26 在视图中选中"铁艺B"，单击工具栏上的 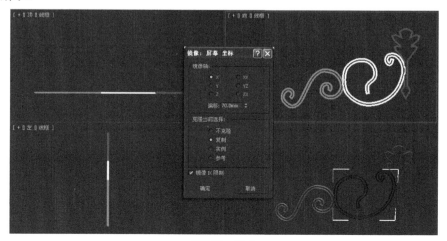 （镜像）按钮，在弹出的对话框中设置参数，如图5.44所示。

图5.44　镜像

27 在视图中选中"铁艺A",单击工具栏上的▣（镜像）按钮,在弹出的对话框中设置参数,如图5.45所示。

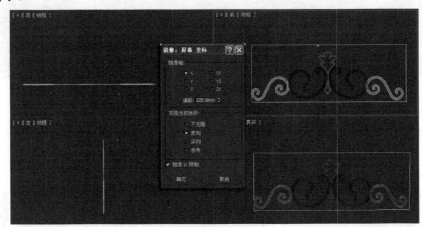

图5.45 参数设置

28 将参考的矩形删除。至此,"铁艺"已经全部制作完成了,效果如图5.46所示。

29 至此,本例制作过程全部结束。单击菜单栏中的【保存】按钮,保存文件。

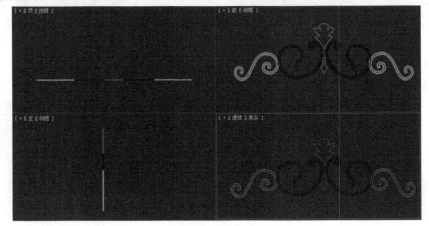

图5.46 最终效果

5.8 课后练习

使用样条线绘制铁艺栏杆,如图5.47所示。

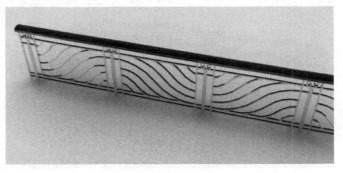

图5.47 参考效果

第6课
将二维图形转换为三维图形

本课将重点介绍几个常用的、将二维图形转换为三维图形的修改器命令，因为二维图形是构成其他形体的基础，使其成为三维几何体常用的编辑修改器有挤出、倒角、车削等。

本课内容：

- 挤出
- 倒角
- 车削
- 倒角剖面
- 放样
- 制作室内墙体

6.1 挤出

挤出命令可以挤出任何类型的二维图形，包括不封闭的样条线，当对不封闭的样条线执行挤出命令时，将会产生纸张或扭曲的绸带效果。挤出参数面板，如图6.1所示。

图6.1　参数面板

数量：设置挤出的深度。

分段：指定将要在挤出对象中创建线段的数目。

封口始端：在挤出对象始端生成一个平面。

封口末端：在挤出对象末端生成一个平面。

变形：以可预测、可重复的方式排列封口面，这是创建变形目标所必需的操作。渐进封口可以产生细长的面，而不像栅格封口那样需要渲染或变形。如果要挤出多个渐进目标，主要使用渐进封口的方法。

栅格：在图形边界上的方形修剪栅格中安排封口面。此方法将产生一个由大到小均等的面构成的表面，这些面可以将其他修改器很容易地变形。当选中"栅格"封口选项时，栅格线是隐藏边而不是可见边，这主要会影响使用"关联"选项指定的材质，以及使用晶格修改器的对象。

面片：产生一个可以折叠到面片对象中的对象。

网格：产生一个可以折叠到网格对象中的对象。

NURBS：产生一个可以折叠到NURBS对象中的对象。

生成贴图坐标：将贴图坐标应用到挤出对象中，默认设置为禁用状态。启用此选项时，生成贴图坐标将独立贴图坐标应用到末端封口中，并在每一封口上设置一个1×1的平铺图案。

挤出图形效果，如图6.2所示。

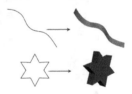

图6.2　挤出图形效果图

6.2 倒角

倒角修改器是一个在3ds Max中常用的编辑修改器，使用斜切能方便、快捷地制作出倒角文字和标牌效果，倒角参数面板，如图6.3所示。

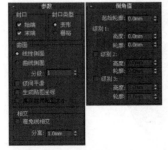

图6.3　倒角参数面板

始端：用对象的最低局部Z值（底部）对末端进行封口。禁用此项后，底部为打开状态。

末端：用对象的最高局部Z值（底部）对末端进行封口。禁用此项后，底部不再打开。

变形：为变形创建合适的封口曲面。

栅格：在栅格图案中创建封口曲面。该

封口类型的变形和渲染要比渐进变形封装效果好。

线性侧面：激活此项后，级别之间会沿着一条直线进行分段插补。

曲线侧面：激活此项后，级别之间会沿着一条Bezier曲线进行分段插补。

分段：在每个级别之间设置中级分段的数量。

避免线相交：防止轮廓彼此相交。它通过在轮廓中插入额外的顶点并用一条平直的线段覆盖锐角来实现。

起始轮廓：设置轮廓从原始图形的偏移距离。非零设置会改变原始图形的大小，正值使轮廓变大，负值使轮廓变小。

级别1：包含两个参数，它们表示距离。

高度：设置级别1在起始级别之上的距离。

轮廓：设置级别1的轮廓到起始轮廓的偏移距离。级别2和级别3是可选的，并且允许改变倒角量和方向。

级别2：在级别1之后添加一个级别。

级别3：在前一级别之后添加一个级别。如果未启用级别2，级别3添加于级别1之后。

倒角后的模型效果，如图6.4所示。

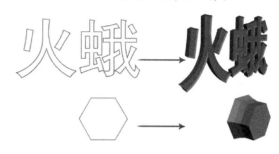

图6.4 倒角后的模型

6.3 车削

车削通过绕轴旋转一个图形或NURBS曲线来创建3D对象。"车削"除了修改命令面板外，还有一个修改器堆栈，如图6.5所示。

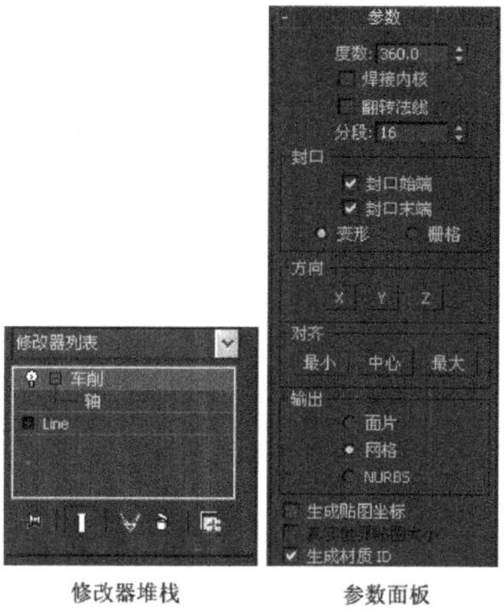

修改器堆栈　　　　　参数面板
图6.5 车削堆栈和参数面板

轴：在此子对象层级上，可以进行变换和设置绕轴旋转动画。

度数：确定对象绕轴旋转多少度。可以给"度数"设置关键点，从而设置车削对象圆环的动画，"车削"轴自动将尺寸调整到与要车削图形同样的高度。

焊接内核：通过焊接旋转轴中的顶点来简化网格。如果要创建一个变形目标，则禁用此选项。

翻转法线：依据图形上顶点的方向和旋转方向，旋转对象可能会内部外翻。调整"翻转法线"复选框来修正它。

分段：在起始点之间，确定在曲面上创建多少插补线段。此参数也可设置动画，默认值为16。

封口始端：封口设置的"度数"小于360°的车削对象的始点，并形成闭合图形。

封口末端：封口设置的"度数"小于360°的车削对象的末点，并形成闭合图形。

变形：按照创建变形目标所需的、可预见且可重复的模式排列封口面。渐进封口可以产生细长的面，而不像栅格封口那样需要渲染或变形。如果要车削出多个渐进目标，主要使用渐进封口的方法。

栅格：在图形边界上的方形修剪栅格中安排封口面。此方法产生尺寸均匀的曲面，可使用其他修改器将这些曲面变形。

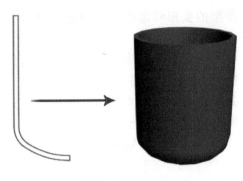

X 、 Y 、 Z ：相对对象轴点，设置轴的旋转方向。

最小 、 中心 、 最大 ：将旋转轴与图形的最小、居中或最大范围对齐。

平滑：为车削图形应用平滑效果。

车削后的模型效果，如图6.6所示。

图6.6 车削后的模型

6.4 倒角剖面

倒角剖面修改器使一个截面沿着一个路径产生这个截面的倒角效果。因此使用这个命令必须有两个二维图形，一个二维图形用作界面，另一个用作路径。倒角剖面修改器参数，如图6.7所示。

图6.7 参数面板

拾取剖面 ：选中一个图形NURBS曲线用作剖面路径。

生成贴图坐标：指定UV坐标。

真实世界贴图大小：控制应用于该对象的纹理贴图材质所使用的缩放方法。缩放值由"坐标"卷展栏下的"使用真实世界比例"参数控制。默认设置为启动。

始端：对挤出图形的底部进行封口。

末端：对挤出图形的顶部进行封口。

变形：选中一个确定性的封口方法，它为对象间的变形提供相等数量的顶点。

栅格：创建更适合封口变形的栅格封口。

避免线相交：防止倒角曲面自相交。这需要更多的处理器计算，而且在复杂几何体中会消耗大量的时间。

分离：设定侧面为放置相交而分开的距离。

通过倒角剖面命令创建的模型效果，如图6.8所示。

截面　　　　路径　　　倒角剖面造型

图6.8 倒角剖面模型

6.5 放样

放样是一个复合物体的创建命令，可将两个或两个以上的样条曲线复合成一个三维物体，放样实际上是从二维图形到三维几何体转变的重要工具。它的功能十分强大，能够制作许多复制的几何体，同时还包含了一些内部命令，所以自成体系。放样实际上就是一个或几个截面在一个特定的路径上，按设定的方式生成三维物体。一般来说，截面可以是多个样条曲线，但不能有自相交情况，路径必须是一个非复合线形。放样参数面板，如图6.9所示。

图6.9 参数面板

规格化：决定沿着路径长度和图形宽度路径顶点间距如何影响贴图。启用该选项后，将忽略顶点，沿着路径长度并围绕图形平均应用贴图坐标和重复值；如果禁用该选项，主要路径划分和图形顶点间距将影响贴图坐标间距，按照路径划分间距或图形顶点间距成比例应用贴图坐标和重复值。

生成材质ID：在放样期间生成材质ID。

使用图形ID：提供使用样条线材质ID来定义材质ID的选择。

面片：放样过程可生成面片对象。

网格：放样过程可生成网格对象。

路径：设置路径的级别。如果启用"捕捉"模式，该值将变为上一个捕捉的增量。该路径值依赖于所选择的测量方法，更改测量方法将导致路径值的改变。

捕捉：用于设置沿着路径图形之间的恒定距离。该捕捉值依赖于所选择的测量方法，更改测量方法会更改捕捉值。

启用：当启用该选项时，"捕捉"处于活动状态。默认设置为禁用状态。

百分比：将路径级别表示为路径总长度的百分比。

路径步数：将图形置于路径步数和顶点导航，而不是作为沿着路径的一个百分比或距离。

（拾取图形）：将路径上的所有图形设置为当前级别。在"修改"面板中可用。

（上一个图形）：从路径级别的当前位置沿路径跳至上一个图形上。单击此按钮可以禁用"捕捉"选项。

（下一个图形）：从路径级别的当前位置沿路径跳至下一个图形上，单击此按钮可以禁用"捕捉"选项。

图形步数：设置横截面图形的每个顶点之间的步数。该值会影响沿放样长度方向的分段的数目。

路径步数：设置路径的每个主分段之间的步数。该值会影响沿放样长度方向的分段数目。

优化图形：如果启用，则对于横截面图形的直分段将忽略"图形步数"。如果路径

拾取剖面：将路径指定给选定图形或更改当前指定的路径。

获取路径：将图形指定给选定路径或更改当前指定的图形。

移动、复制、实例：用于指定路径或图形转换为放样对象的方式。选中"移动"时，不保留副本，或转换为副本或实例。

平滑长度：沿着路径的长度提供平滑曲面。当路径曲线或路径上的图形更改大小时，这类平滑非常有用。默认设置为启用。

平滑宽度：围绕横截面图形的周界提供平滑曲面。当图形更改顶点数或更改外形时，这类平滑非常有用。默认设置为启用。

应用贴图：启用和禁用放样贴图坐标。必须启用"应用贴图"选项才能访问其余的项目。

真实世界贴图大小：控制应用于该对象的纹理贴图材质所使用的缩放方法。缩放值由应用材质的"坐标"卷展栏下的"使用真实世界比例"参数控制。默认设置为禁用状态。

长度重复：设置沿着路径的长度重复贴图的次数。贴图的底部放置在路径的第一个顶点处。

宽度重复：设置围绕横截面图形的周界重复贴图的次数。贴图的左边缘将与每个图形的第一个顶点对齐。

上有多个图形，则只优化在所有图形上都匹配的直分段。默认设置为禁用状态。

自适应路径步数：如果启用，则分析放样，并调整路径分段的数目，以生成最佳蒙皮。主分段将沿路经出现在路径顶点、图形位置和变形曲线顶点处；如果禁用，则主分段将沿路径只出现在路径顶点处。默认设置为启用。

轮廓：如果启用，则每个图形都将遵循路径的曲率。每个图形的正Z轴与形状层级中路径的切线对齐；如果禁用，则图形保持平行，且其方向与放置在层级0中的图形相同。默认设置为启用。

倾斜：如果启用，则只要路径弯曲并改变其局部Z轴的高度，图形便围绕路径旋转。倾斜量由3ds Max控制。如果该路径为2D，则忽略倾斜；如果禁用，则图形在穿越3D路径时不会围绕其Z轴旋转。默认设置为启用。

恒定横截面：如果启用，则在路径中的角处缩放横截面，以保持路径宽度一致；如果禁用，则横截面保持其原来的局部尺寸，从而在路径角处产生收缩。

线性插值：如果启用，则使用每个图形之间的直边生成放样蒙皮。默认设置为禁用状态。

翻转法线：如果启用，则将法线翻转180°。可使用此选项来修正内部外翻的对象。默认设置为禁用状态。

四边形的边：如果启用该选项，且放样对象的两部分具有相同数目的边，则将两部分缝合在一起的面将显示为四边形。具有不同边数的两部分之间的边将不受影响，仍与三角形连接。默认设置为禁用状态。

变换降级：使放样蒙皮在子对象的图形或路径变换过程中消失。如果禁用，则只显示放样子对象。默认设置为启用。

明暗处理视图中的蒙皮：如果启用，则忽略"蒙皮"设置，在着色视图中显示放样的蒙皮；如果禁用，则根据"蒙皮"设置来控制蒙皮的显示。默认设置为启用。

通过图形放样，创建的模型效果，如图6.10所示。

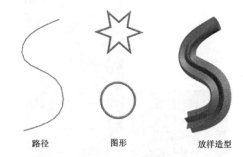

路径　　　图形　　　放样造型

图6.10　放样模型

放样之所以是建模中最灵活的命令，还在于它自带5个变形命令，能够对放样对象的截面进行随意而自由的修改，从而改变整个放样对象。选中放样模型，进入修改面板，在面板的最下边有【变形】卷展栏，它提供5种变形命令，如图6.11所示。

图6.11　【变形】卷展栏

缩放：可以从单个图形中放样对象，该图形在其沿着路径移动时只改变其缩放。要制作这些类型的对象时，需使用"缩放"变形。

扭曲：使用变形扭曲可以沿着对象的长度创建盘旋或扭曲的对象。扭曲将沿着路径指定旋转量。

倾斜："倾斜"变形围绕X轴和Y轴旋转图形。当前"蒙皮参数"卷展栏下选择"轮廓"时，倾斜是3ds Max自动选择的工具。当手动控制轮廓效果时，则要使用"倾斜"变形。

倒角：在真实世界中碰到的每一个对象几乎都需要倒角。这是因为制作一个非常尖的边很困难且耗时间，创建的大多数对象都具有已切角化、倒角或减缓的边，使用"倒角"变形可以模拟这些效果。

拟合：使用拟合变形可以使用两条"拟合"曲线来定义对象的顶部和侧剖面。

想通过绘制放样对象的剖面来生成放样对象时，要使用"拟合"变形。

"缩放"、"扭曲"、"倾斜"、"倒角"和"拟合"的"变形"对话框具有形同的布局，如图6.12所示。

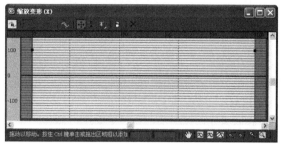

图6.12　变形对话框

（均衡）：均衡是一个动作按钮，也是一种曲线编辑模式，可以用于对称轴和形状应用相同的变形。

（显示X轴）：仅显示红色的X轴变形曲线。

（显示Y轴）：仅显示绿色的Y轴变形曲线。

（显示XY轴）：同时显示X轴和Y轴变形曲线，各条曲线使用各自的颜色。

（交换变形曲线）：在X轴和Y轴之间复制曲线。启用"均衡"时，此按钮无效。

（移动控制点）：移动控制点，包括垂直移动和水平移动控制点。

（缩放控制点）：相对于0缩放一个或多个选定控制点的值。仅需要更改选中控制点的变形量，而不更改值的相对比率时使用此功能。

（插入角点）：此弹出按钮包含用于插入两个控制点类型的按钮。

（删除控制点）：删除所选的控制点，也可以通过按下Delete键来删除所选的点。

（重置曲线）：删除所有控制点（但两端的控制点除外）并恢复自由曲线的默认值。

通过变形处理的模型效果，如图6.13所示。

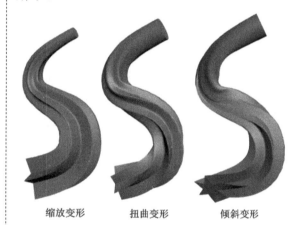

缩放变形　　扭曲变形　　倾斜变形
图6.13　模型变形效果

6.6 制作瓦罐

车削通过绕轴旋转一个图形或NURBS曲线来创建3D对象。本例通过制作瓦罐造型，学习【车削】修改器的应用。瓦罐造型效果，如图6.14所示。

01 在桌面上双击图标，启动3ds Max 2012中文版应用程序，将单位设置为"毫米"。

图6.14　瓦罐

02 单击 矩形 按钮，在前视图展创建一个大小为50mm×50mm的参考矩形，如图6.15所示。

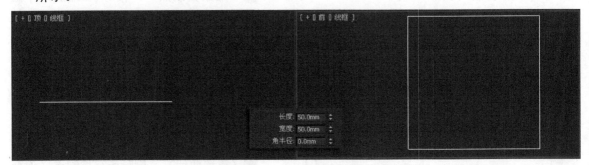

图6.15 创建参考矩形

03 单击 线 按钮，在前视图中绘制一条曲线，并将其命名为"瓦罐A"，如图6.16所示。

04 在视图中选中"瓦罐A"，单击鼠标右键，在弹出的右键快捷菜单中执行【转换为】／【转换为可编辑样条线】命令，如图6.17所示。

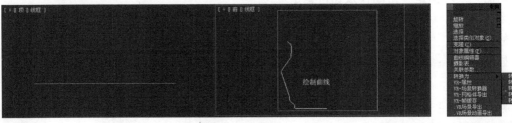

图6.16 绘制曲线　　　　　　　　　　图6.17 转换为可编辑样条线

05 在视图中选中"瓦罐A"，激活【顶点】子对象，如图6.18所示。

06 选中如图6.19所示的顶点，单击鼠标右键，在弹出的右键快捷菜单中选择Bezier选项。

图6.18 修改器堆栈　　　　　　　　　　图6.19 选中顶点

07 当选中的【顶点】变成Bezier后，单击鼠标左键拖动绿色的控制柄，在前视图调整各顶点，如图6.20所示。

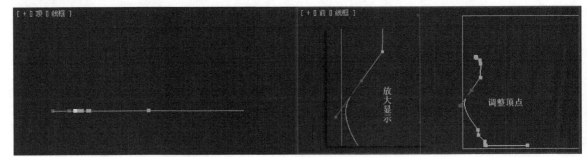

图6.20 调整顶点

08 调整各顶点后的造型，如图6.21所示。

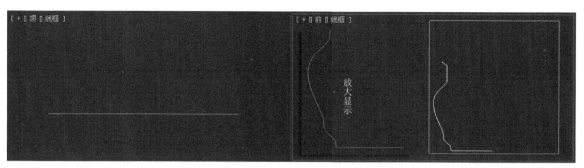

图6.21　调整顶点后的效果

09 在修改器堆栈中激活【样条线】子对象，在【几何体】卷展栏下单击 ▊▊ 轮廓 ▊▊ 按钮，如图6.22 所示。

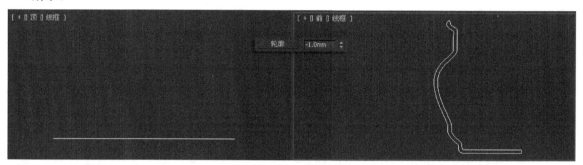

图6.22　轮廓

10 在前视图中选中如图6.23所示的顶点，在【几何体】卷展栏下单击 ▊▊ 圆角 ▊▊ 按钮，光标变成"+" 时，单击鼠标左键并向上拖动，如图6.23所示。

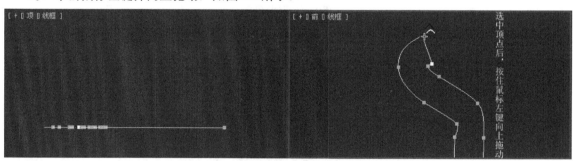

图6.23　调整顶点

11 按照上述的方法将右边的顶点调整得更圆滑，并将参考矩形删除。

12 在视图中选中"瓦罐A"，在 修改器列表 ▢ 中选择【车削】修改器，如图6.24所示。

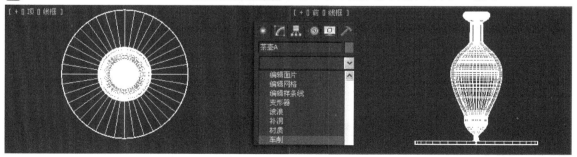

图6.24　车削

13 在【参数】卷展栏中设置参数，如图6.25所示。

14 至此，"瓦罐A"已经制作完成了，效果如图6.26所示。

图6.25 参数设置

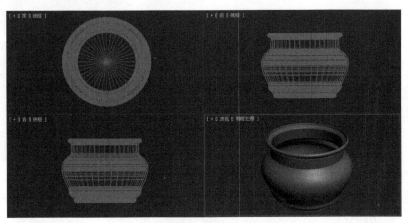

图6.26 车削后的效果

15 接下来开始制作瓦罐盖，单击 矩形 按钮，在前视图中绘制一个大小为18mm×35mm的参考矩形，在前视图中绘制一条曲线，并将其命名为"瓦罐B"，如图6.27所示。

图6.27 绘制曲线

16 在修改器堆栈中激活【顶点】子对象，并弹出的右键快捷菜单中选择Bezier选项，然后在前视图中调整各顶点，如图6.28所示。

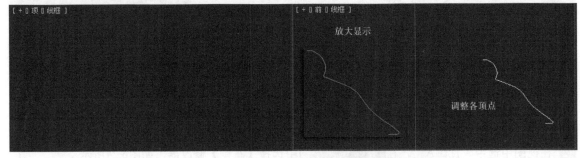

图6.28 调整各顶点

17 在视图中选中"瓦罐B"，单击鼠标右键，在弹出的右键快捷菜单中执行【转换为】/【转换为可编辑样条线】命令，如图6.29所示。

18 在修改器堆栈中激活【样条线】子对象，然后在【几何体】卷展栏下单击 轮廓 按钮，设置参数如图6.30所示。

19 在视图中选中"瓦罐B"，在 修改器列表 中选择【车削】修改器，如图6.31所示。

图6.29 转换为可编辑样条线

图6.30 轮廓

图6.31 车削修改器

20 在【参数】卷展栏中设置参数，如图6.32所示。

21 "瓦罐B"已经制作完成了，效果如图6.33所示。

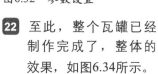

图6.32 参数设置

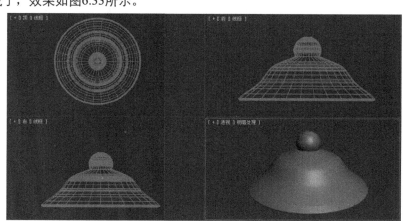

图6.33 "瓦罐B"效果

22 至此，整个瓦罐已经制作完成了，整体的效果，如图6.34所示。

23 至此，瓦罐的制作过程全部结束。在快速访问工具栏中单击【保存】按钮，将文件保存。

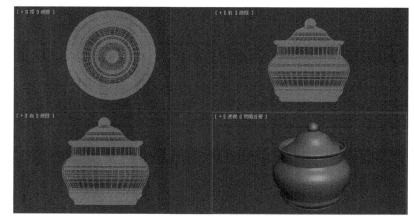

图6.34 瓦罐效果

6.7 课后练习

1. 使用放样修改器制作窗帘，如图6.35所示。

图6.35 参考效果

2. 使用车削修改器制作花瓶，如图6.36所示。

图6.36 参考效果

第7课
创建室内家具模型

创建模型是三维制作的第一步，3ds Max 2012有多种建模工具，包括直接创建几何体的工具和将图形转换为几何体的工具，前面的章节中都做了详细的介绍。本课会用几种简单的室内家具模型来给大家简单介绍。

本课内容：

- 制作小台灯
- 制作休闲椅
- 制作液晶电视
- 制作异形工艺品
- 制作老板桌
- 制作大堂吧台

7.1 制作小台灯

台灯是我们家中最普遍的家具，台灯在效果图表现中起到照明和装饰的作用，通常摆放在卧室、客厅等空间内。本例介绍一款现代风格的台灯模型，主要应用了【车削】修改器，本例台灯模型如图7.1所示。

图7.1　台灯模型效果

01　在桌面上双击圆图标，启动3ds Max 2012中文版应用程序，并将单位设置为"毫米"。

02　单击 矩形 按钮，在前视图中绘制一个大小为580mm×350mm的矩形。然后单击 线 按钮，在前视图中绘制一条曲线，并将其命名为"灯身"，如图7.2所示。

图7.2　绘制曲线

03　在视图中选中"灯身"，单击鼠标右键，在弹出的右键快捷菜单中，执行【转换为】/【转换为可编辑样条线】命令，如图7.3所示。

04　在前视图中调整各顶点，调整后造型效果，如图7.4所示。

图7.3　转换为可编辑样条线

图7.4 调整各顶点

05 在修改器堆栈中激活【样条线】子对象,在【几何体】卷展栏中单击 轮廓 按钮,设置具体参数,如图7.5所示。

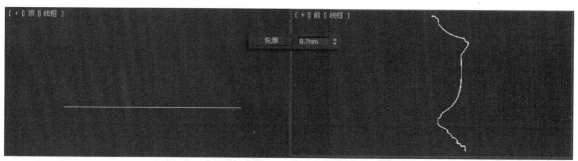

图7.5 轮廓

06 在 修改器列表 中选择【车削】修改器,如图7.6所示。

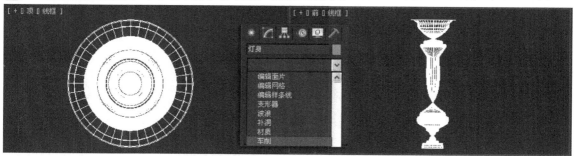

图7.6 车削修改器

07 在【参数】卷展栏中设置具体参数,如图7.7所示。

08 至此,"灯身"已经制作完成了,效果如图7.8所示。

图7.7 参数设置

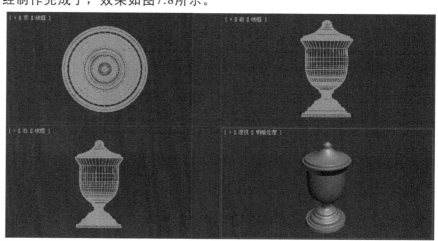

图7.8 "灯身"效果

09 单击 圆柱体 按钮，在顶视图中创建一个圆柱体，并将其命名为"支柱"，在视图中调整造型位置，如图7.9所示。

图7.9 创建圆柱体

10 单击 球体 按钮，在顶视图中创建一个球体，并将其命名为"灯泡"，设置具体参数如图7.10所示。

图7.10 创建球体

11 单击 线 按钮，在前视图中绘制一条曲线，并将其命名为"灯罩"，如图7.11所示。

图7.11 绘制曲线

12 在视图中选中"灯罩"，按住鼠标右键，在弹出的右键快捷菜单中，执行【转换为】/【转换为可编辑样条线】命令，如图7.12所示。

13 在修改器堆栈中激活【样条线】子对象，如图7.13所示。

图7.12 转换为可编辑样条线　　图7.13 修改器堆栈

14 在【几何体】卷展栏中单击 轮廓 按钮，设置具体参数如图7.14所示。

图7.14 轮廓

15 在 修改器列表 中选择【车削】修改器，如图7.15所示。

16 在【参数】卷展栏中设置具体参数，如图7.16所示。

图7.15 车削   图7.16 参数设置

17 单击 圆环 按钮，在顶视图中创建一个圆环，并将其命名为"灯罩A"，设置具体参数如图7.17所示。

图7.17 创建圆环

18 在视图中调整造型的位置，效果如图7.18所示。

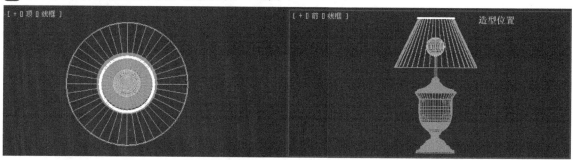

图7.18 调整造型的位置

19 单击 圆环 按钮，继续在顶视图中创建一个圆环，并将其命名为"灯罩B"，设置具体参数如图7.19所示。

图7.19 创建圆环

20 在视图中调整造型的位置，效果如图7.20所示。

图7.20 调整造型的位置

21 至此，小台灯的模型已经全部制作完成了，效果如图7.21所示。

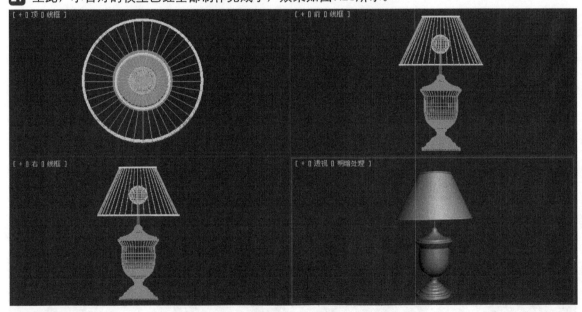

图7.21 小台灯

22 在快速访问工具栏中单击【保存】按钮，将文件保存。

7.2 制作休闲椅

休闲椅应用于室内的客厅、休闲区、阳台等空间内。根据室内装修风格的不同，休闲椅的样式也分为现代、古典、中式、欧式等风格。本例主要应用了【放样】、

FFD4×4×4、【挤出】等修改器介绍制作休
闲椅，效果如图7.22所示。

图7.22 休闲椅效果

01 在桌面上双击 图标，启动3ds Max 2012中文版应用程序，并将单位设置为"毫米"。

02 单击 矩形 按钮，在前视图中绘制一个大小为700mm×700mm的参考矩形。

03 单击 线 按钮，在前视图中绘制一条曲线，并将其命名为"路径"，效果如图7.23
所示。

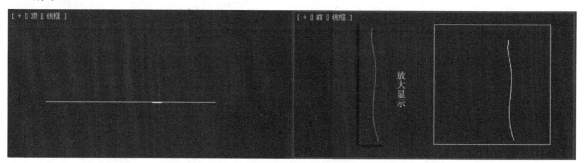

图7.23 绘制曲线

04 单击 矩形 按钮，在前视图中绘制一个大小为45mm×42mm的矩形，并将其命名为"截
面"，如图7.24所示。

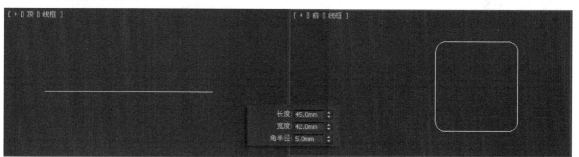

图7.24 绘制矩形

05 在前视图中选中"路径"，单击创建面
板上的 标准基本体 下拉列表中选择
复合对象 选项，打开复合对象创建命令
面板，单击 放样 按钮，如图7.25所示。

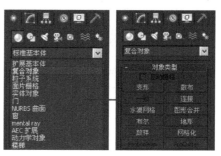

图7.25 放样

85

06 确认"路径"还处于选中的状态，在【创建方法】卷展栏中单击 **获取图形** 按钮，光标发生变化时，单击拾取"截面"，如图7.26所示。

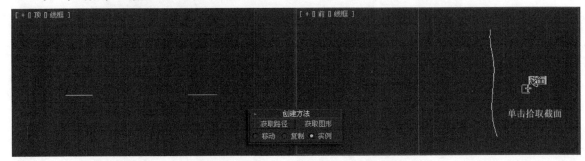

图7.26　拾取截面

07 拾取"截面"后造型，如图7.27所示，并将拾取的图形命名为"椅腿"。

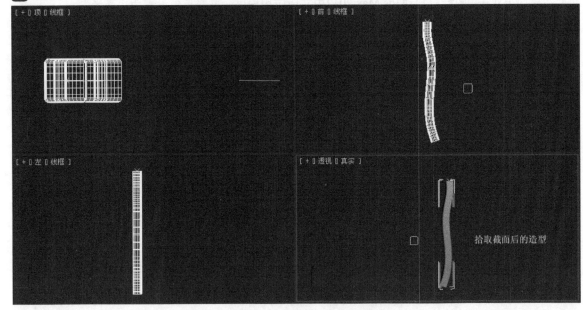

图7.27　拾取截面后的造型

08 确认"椅腿"还处于选中的状态，单击 按钮进入修改面板，在【变形】卷展栏中单击 **缩放** 按钮，如图7.28所示。

09 在弹出的【缩放变形】对话框中，设置移动控制点的数值为50，如图7.29所示。

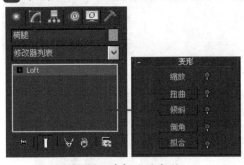

图7.28　选择缩放变形

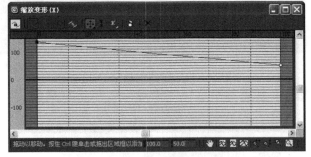

图7.29　缩放

10 进行缩放后的"椅腿"造型，如图7.30所示。

11 单击 **切角长方体** 按钮，在顶视图中创建一个大小为500mm×500×90mm的切角长方体，并将其命名为"坐垫"，如图7.31所示。

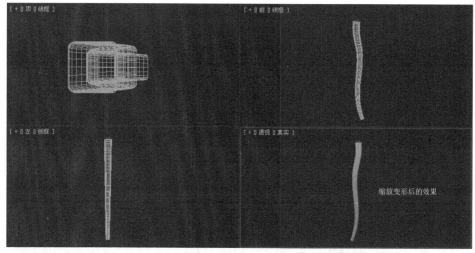

图7.30 缩放变形后的效果

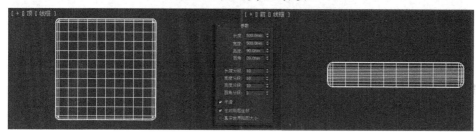

图7.31 创建切角长方体

12 确认"坐垫"还处于选中的状态,单击 ✎ 按钮进入修改面板,在 修改器列表 ▼ 中选择FFD4×4×4修改器,并在修改器堆栈中激活控制点,如图7.32所示。

图7.32 激活控制点

13 在前视图中选中左右上方的控制点,激活 ■ (缩放)工具,沿着X轴缩放,如图7.33所示。

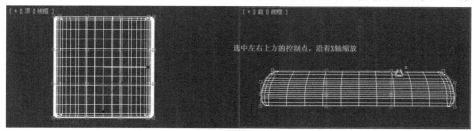

图7.33 缩放

14 在修改器堆栈中激活【控制点】,在顶视图中选中如图7.34所示的控制点。

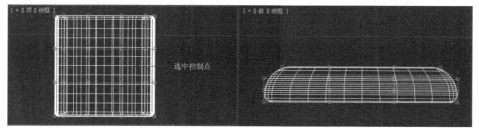

图7.34 选中控制点

15 激活 ✛（移动）工具，沿着Y轴向上移动，如图7.35所示。

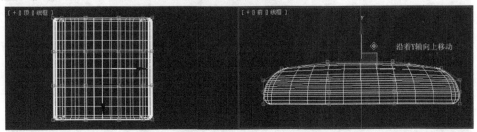

图7.35　移动控制点

16 单击 矩形 按钮，在前视图中绘制一个大小为90mm×450 mm的参考矩形。单击 线 按钮，
在左视图中绘制一条曲线，并将其命名为"侧边"，效果如图7.36所示。

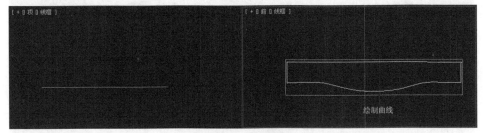

图7.36　绘制曲线

17 确认"侧边"处于选中的状态，在修改器列表中选择【挤出】修改器，设置挤出值为20mm，如
图7.37所示。

图7.37　挤出

18 在视图中调整造型的位置，效果如图7.38所示。

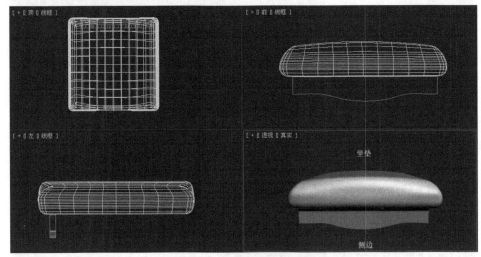

图7.38　调整造型的位置

19 在工具栏上单击 ⧕（镜像）按钮，在视图中复制一个"侧边"，如图7.39所示。

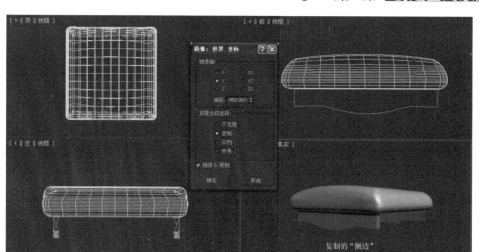

图7.39 镜像

20 按照上述的方法复制2个"侧边",在视图中调整复制后的"侧边",效果如图7.40所示。

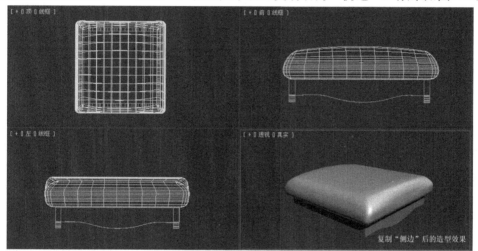

图7.40 复制后的效果

21 在视图中选中"椅腿",单击工具栏中的 (镜像)按钮,在弹出的【镜像】对话框中设置参数,如图7.41所示。

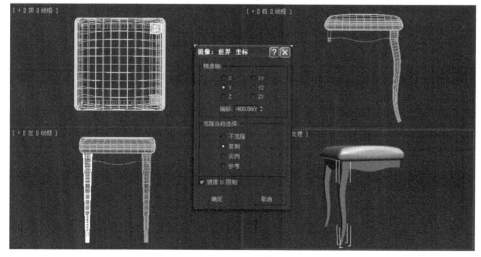

图7.41 镜像

22 按照上述的方法，将另外2个腿椅进行镜像复制，镜像后的效果，如图7.42所示。

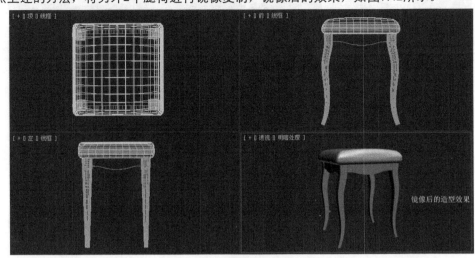

图7.42 镜像后的效果

23 至此，休闲椅的模型全部制作完成。在快速访问工具栏中单击【保存】按钮，将文件保存。

7.3 制作液晶电视

在3ds Max中，编辑多边形修改命令具有强大的模型制作功能，通过编辑多边形修改器可以创建出一体的造型，例如空间墙体的制作等。本例就利用【编辑多边形】命令创建液晶电视模型，模型效果如图7.43所示。

图7.43 液晶电视

01 在桌面上双击 图标，启动3ds Max 2012中文版应用程序，并将单位设置为"毫米"。

02 单击 长方体 按钮，在前视图中创建一个长方体，并将其命名为"液晶电视"，设置其参数如图7.44所示。

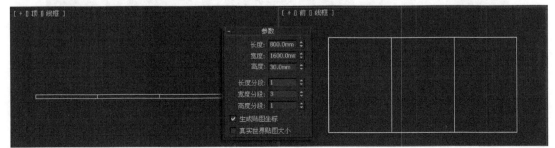

图7.44 创建长方体

03 选中创建的长方体，单击鼠标右键，在弹出的右键菜单栏中执行"转换为可编辑多边形"命令，将其转换为可编辑多边形。

04 在前视图中选中如图7.45所示的顶点。

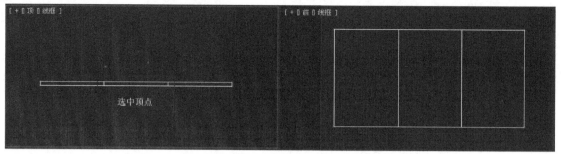

图7.45　选中顶点

05 在工具栏中激活 （缩放）工具，然后在前视图中沿着X轴向右拖动进行缩放，如图7.46所示。

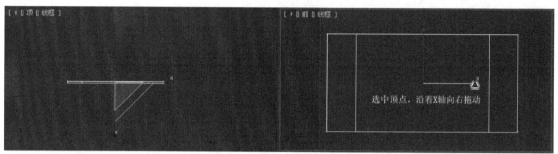

图7.46　选中顶点进行缩放

06 在视图中选中如图7.47所示的多边形。

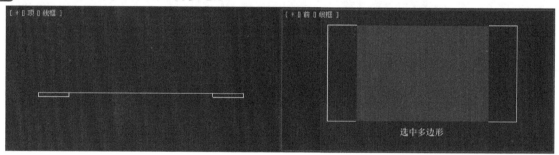

图7.47　选中多边形

07 在【编辑多边形】卷展栏中单击 挤出 按钮，设置其参数如图7.48所示。

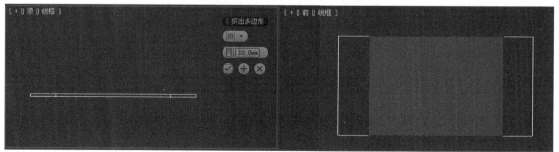

图7.48　挤出

08 在修改器堆栈中激活【多边形】子对象，然后在【编辑多边形】卷展栏中单击 倒角 按钮，参数设置完成后单击【应用并继续】按钮，如图7.49所示。

图7.49 倒角

09 单击【应用并继续】按钮后，在【倒角】对话框中输入数值，如图7.50所示。

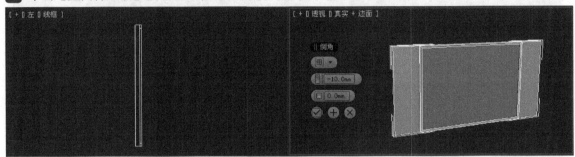

图7.50 倒角

10 在透视图中选中电视背面的多边形，在【编辑几何体】卷展栏中单击 倒角 后的 ■ 按钮，参数设置完成后单击【应用并继续】按钮，如图7.51所示。

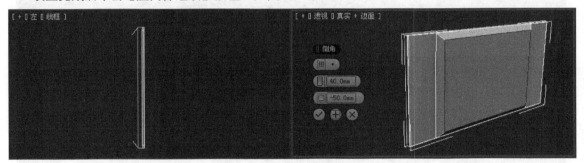

图7.51 倒角

11 单击【应用并继续】按钮后，在【倒角】对话框中输入数值，如图7.52所示。

图7.52 倒角

12 按住Ctrl键，激活【多边形】子对象，在透视图中选中电视两侧的两个多边形，如图7.53所示。

13 在【编辑多边形】卷展栏中单击 倒角 按钮，设置具体参数如图7.54所示。

图7.53　选中多边形

图7.54　倒角

14 单击 文本 按钮。在前视图创建文本，并将其命名为"文字"，设置其参数如图7.55所示。

图7.55　参数设置

15 在修改器列表中对其施加【挤出】修改器，设置"挤出"数值为2mm，调整挤出后的模型位置，如图7.56所示。

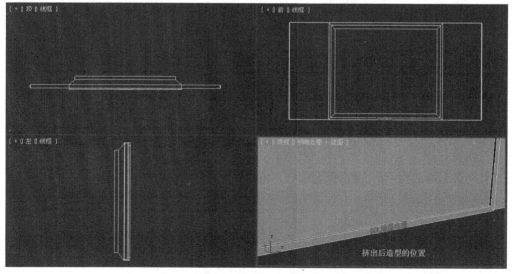

图7.56　挤出后造型位置

16 至此，液晶电视的模型全部制作完成。在快速访问工具栏中单击【保存】按钮，将文件"进行"保存。

7.4 制作烛台

为了丰富室内空间，各种风格的工艺品在室内空间的装饰起到重要作用。本例通过【车削】、【挤出】等修改器，创建烛台，如图7.57所示。

图7.57 烛台

01 在桌面上双击 图标，启动3ds Max 2012中文版应用程序，并将单位设置为"毫米"。

02 单击 矩形 按钮，在前视图中创建一个大小为220mm×220mm的参考矩形，然后单击 线 按钮，在顶视图中绘制一条闭合的曲线，如图7.58所示。

图7.58 创建模型

03 单击 圆 按钮，在顶视图创建一个圆，设置具体参数如图7.59所示。

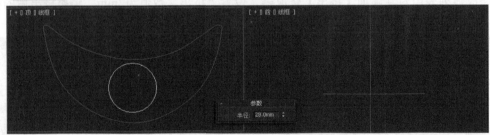

图7.59 创建圆

04 确认创建的圆处于选中的状态，单击鼠标右键，在弹出的右键菜单栏中执行"转化为可编辑样条线"命令。

05 在【几何体】卷展栏中单击 附加 按钮，将绘制的曲线和圆附加在一起，如图7.60所示。

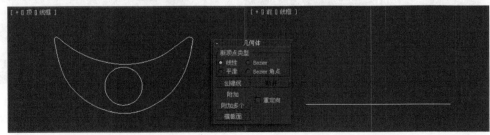

图7.60 附加

06 在修改器列表中选择【挤出】修改器，并将其命名为"底座"，设置具体参数如图7.61所示。

图7.61 挤出

07 单击 螺旋线 按钮，在顶视图中创建一条螺旋线，并将其命名为"线"，设置参数如图7.62所示。

图7.62 螺旋线

08 在【渲染】卷展栏中勾选【在渲染中启用】和【在视口中启用】选项，并设置厚度值，如图7.63所示。

图7.63 设置参数

09 单击 矩形 按钮，在前视图中创建一个大小为25mm×130mm的参考矩形，然后单击 线 按钮，在前视图中绘制一条曲线，接下来在【几何体】卷展栏中单击 轮廓 按钮，输入轮廓值为2.5mm，如图7.64所示。

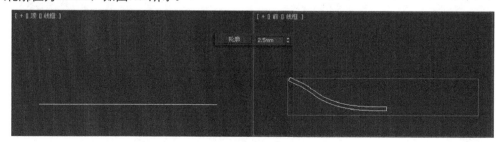

图7.64 轮廓

10 在【插值】卷展栏中勾选【自适应】选项，并将轮廓后的线命名为"烛台"，如图7.65所示。

图7.65 参数设置

11 在修改器列表中选择【车削】修改器，设置具体参数如图7.66所示。

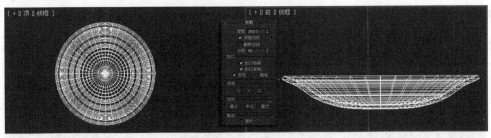

图7.66　车削

12 单击 ▇▇▇ 圆 ▇▇ 按钮，在顶视图中创建一个圆，并将其命名为"烛台A"，设置具体参数如图7.67所示。

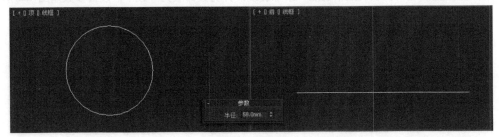

图7.67　创建圆

13 在【渲染】卷展栏中勾选【在渲染中启用】和【在视口中启用】选项，设置厚度值为8mm，如图7.68所示。

图7.68　参数设置

14 在视图中调整造型的位置，如图7.69所示。

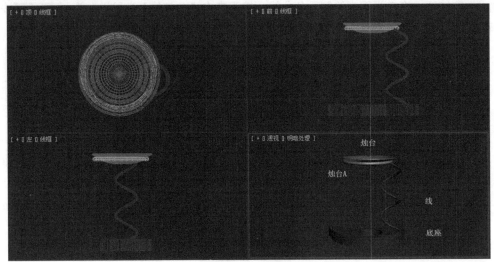

图7.69　烛台

15 至此，烛台模型全部制作完成。在快速访问工具栏中单击【保存】按钮，将文件保存。

7.5 制作办公桌

办公家具是工作或学习中使用最为频繁的室内家具，它多以座椅、书柜等相互组合使用。办公家具注重的是实用性，围绕着"以人为本"的设计理念制作出不同的办公家具。它们虽然大同小异，但也各具特色，不同的用途有其不同的类型，不同的环境也有不同的造型。在办公家具的行列中，有简单化的单一造型，也有复杂化的组合造型。本例介绍办公桌模型的制作，模型效果如图7.70所示。

图7.70 办公桌

01 双击桌面上的◎按钮，启动3ds Max2012应用程序，并将单位设置为"毫米"。

02 单击 矩形 按钮，在左视图中创建一大小为100mm×40mm的矩形，并将其命名为"底"，如图7.71所示。

图7.71 创建矩形

03 确认"底"处于选中的状态，单击鼠标右键，在弹出的右键快捷菜单中执行【转换为】/【转换为可编辑样条线】命令。

04 在视图中选中矩形上方的两个顶点，在【几何体】卷展栏中单击 圆角 按钮，设置圆角值为23mm，如图7.72所示。

图7.72 圆角

05 在修改器列表中选择【挤出】修改器，设置具体参数如图7.73所示

图7.73 挤出

06 单击 矩形 按钮，在前视图中创建一个大小为600mm×175mm的矩形，并将其命名为"竖挡板"，如图7.74所示。

图7.74　创建矩形

07 在修改器列表中选择【挤出】修改器，设置挤出值为28mm，如图7.75所示。

图7.75　挤出

08 单击 矩形 按钮，在前视图中创建一个大小为600mm×58mm的矩形，并将其命名为"竖挡板A"，然后在修改器列表中选择【挤出】修改器，设置具体参数如图7.76所示。

图7.76　创建"竖挡板A"

09 单击 矩形 按钮，在前视图中创建一个大小为80mm×450mm的矩形，并将其命名为"右挡板"，在修改器列表中选择【挤出】修改器，设置其参数如图7.77所示。

图7.77　挤出

10 单击 矩形 按钮，在前视图中绘制一个大小为40mm×570mm的参考矩形，然后单击 线 按钮，在前视图中绘制一条闭合的曲线，并将其命名为"桌面"，如图7.78所示。

图7.78　绘制闭合曲线

11 将参考矩形删除，然后在修改器列表中选择【挤出】修改器，设置其参数如图7.79所示。

图7.79 挤出

12 在视图选中"底"、"竖挡板"、"竖挡板A"、"右挡板"，然后单击工具栏中 （镜像）按钮，将所选的物体镜像复制一个，如图7.80所示。

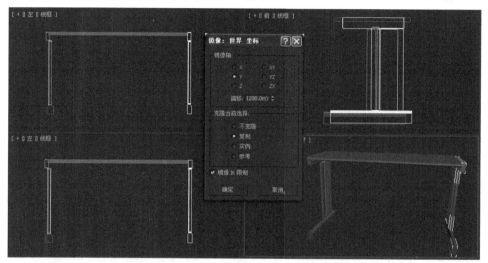

图7.80 镜像

13 单击 矩形 按钮，在左视图中绘制一个大小为295mm×1260mm的矩形，并将其命名为"后挡板A"，然后在修改器列表中选择【挤出】修改器，设置具体参数如图7.81所示。

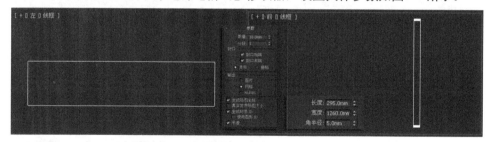

图7.81 创建矩形

14 单击 切角长方体 按钮，在顶视图中创建一个大小为390mm×450mm×600mm的切角长方体，并将其命名为"抽屉"，设置其参数如图7.82所示。

图7.82 创建切角长方体

15 单击 矩形 按钮，在左视图中绘制一个大小为35mm×370mm的矩形，并将其命名为"抽屉A"，然后在修改器列表中选择【挤出】修改器，如图7.83所示。

图7.83 挤出

16 单击 矩形 按钮，在左视图中绘制一个大小为98mm×370mm的矩形，并将其命名为"抽屉B"，然后在修改器列表中选择【挤出】修改器，设置具体参数如图7.84所示。

图7.84 挤出

17 单击 矩形 按钮，在左视图中绘制一个大小为122mm×370mm的矩形，并将其命名为"抽屉C"，然后在修改器列表中选择【挤出】修改器，设置具体参数如图7.85所示。

图7.85 挤出

18 单击 矩形 按钮，在左视图中创建一个大小为313mm×370mm的矩形，并将其命名为"抽屉D"，然后在修改器列表中选择【挤出】修改器，设置具体参数如图7.86所示。

图7.86 挤出

19 单击 矩形 按钮，在前视图中创建一个大小为30mm×480mm的参考矩形，然后单击 线 按钮，在前视图中绘制一条闭合的曲线，并将其命名为"抽屉E"。在修改器列表中选择【挤出】修改器，设置具体参数如图7.87所示。

20 单击 矩形 按钮，在左视图中创建一个大小为20mm×68mm的矩形，并将其命名为"把手"，设置具体参数如图7.88所示。

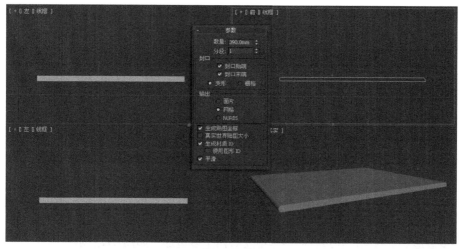

图7.87 挤出

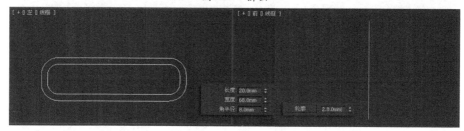

图7.88 创建矩形

21 确认"把手"还处于选中的状态，在修改器列表中选择【挤出】修改器，设置具体参数如图7.89所示。

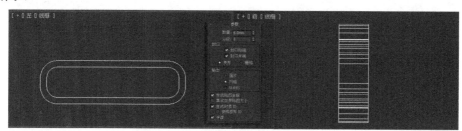

图7.89 挤出

22 将制作完成的"把手"复制三个，然后在视图调整造型的位置，如图7.90所示。

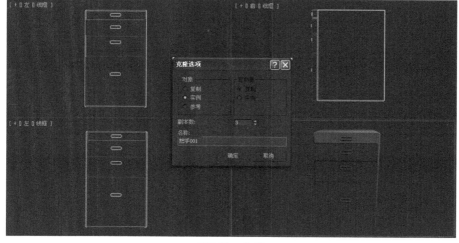

图7.90 复制

23 单击 圆柱体 按钮，在前视图中创建一个大小为25mm×50mm的圆柱体，并将其命名为"轮子A"，设置具体参数如图7.91所示。

图7.91 创建圆柱体

24 确认"轮子A"还处于选中的状态，单击鼠标右键，在弹出的右键快捷菜单中执行【转换为】/【转换为可编辑多边形】命令。

25 激活【多边形】子对象，在透视图中选中左右两个多边形，如图7.92所示。

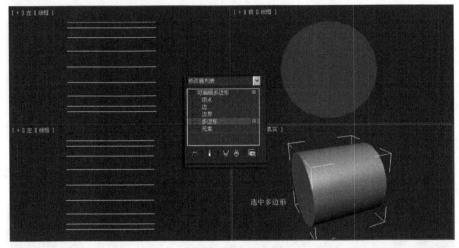

图7.92 选中多边形

26 在【编辑多边形】卷展栏中单击 倒角 按钮，在弹出的对话框中设置其参数，如图7.93所示。

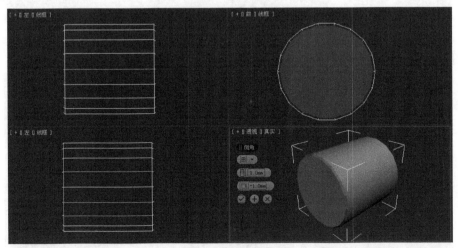

图7.93 倒角

27 单击 矩形 按钮，在前视图中绘制一个大小为60mm×80mm的参考矩形，然后单击 弧 按钮，在前视图中绘制一条弧线，并将其命名为"轮子B"，设置具体参数如图7.94所示。

28 单击鼠标右键，在弹出的右键快捷菜单中执行【转换为】/【转换为可编辑样条线】命令。

图7.94 绘制弧线

29 激活【样条线】子对象，在【几何体】卷展栏中单击 轮廓 按钮，设置轮廓值为7mm，接着在修改器列表中选择【挤出】修改器，设置具体参数如图7.95所示。

图7.95 挤出

30 在视图中选中"轮子A"和"轮子B"，然后执行菜单栏中【组】/【成组】命令，将选中的物体群组在一起，将"组"重命名为"轮子"。然后按住Shift键单击拖曳工具，将"轮子"复制3个，效果如图7.96所示。

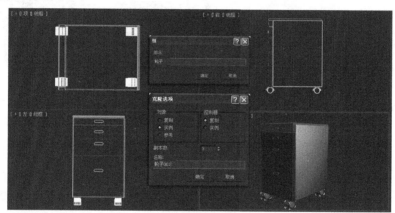

图7.96 复制

31 单击 矩形 按钮，在左视图中绘制一个大小为30mm×420mm的参考矩形，然后单击 线 按钮，在左视图中绘制一条闭合的曲线，并将其命名为"桌面A"，设置【挤出】值为1200mm，效果如图7.97所示。

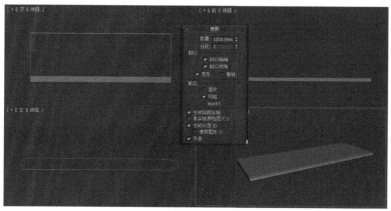

图7.97 挤出

32 单击 矩形 按钮，在前视图中绘制一个大小为90mm×45mm的矩形，并将其命名为"底B"，然后单击鼠标右键，在弹出的右键快捷菜单中执行【转换为】/【转换为可编辑样条线】命令。

33 激活【顶点】子对象，在视图中选中矩形左右两个顶点，然后在【几何体】卷展栏中单击 圆角 按钮，设置数值为20mm，如图7.98所示。

图7.98　圆角

34 确认"底B"还处于选中的状态，在修改器列表中选择【挤出】修改器，设置其参数如图7.99所示。

图7.99　挤出

35 单击 矩形 按钮，在左视图中绘制一个大小为575mm×205mm的矩形，并将其命名为"竖挡板D"，然后在修改器列表中选择【挤出】修改器，设置具体参数如图7.100所示。

图7.100　挤出

36 单击 矩形 按钮，在左视图中绘制一个大小为570mm×62mm的矩形，并将其命名为"竖挡板E"，然后在修改器列表中选择【挤出】修改器，设置其参数如图7.101所示。

图7.101　挤出

37 单击 矩形 按钮，在左视图中绘制一个大小为83mm×450mm的矩形，并将其命名为"挡板”，然后在修改器列表中选择【挤出】修改器，设置其参数如图7.102所示。

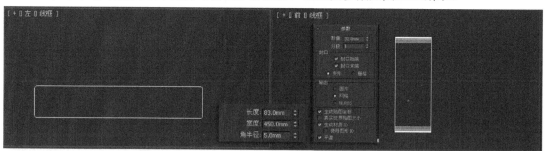

图7.102 挤出

38 在视图中调整各造型的位置，如图7.103所示。

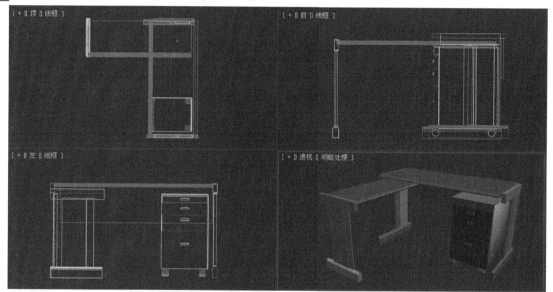

图7.103 最终效果

39 至此，办公桌的模型全部制作完成。在快速访问工具栏中单击【保存】按钮，将文件保存。

7.6 制作吧台

吧台是酒吧向客人提供酒水及其他服务的工作区域，是酒吧的核心部位，最初缘于酒吧、网吧等带“吧”字的场所，其代表这些地方的总服务台（收银台），也用于表示餐厅、酒店等一些现代娱乐、休闲服务场所的总服务台。本例介绍吧台的制作方法，效果如图7.104所示。

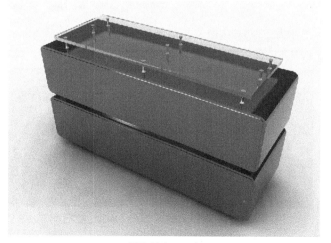

图7.104 吧台

01 双击桌面上的█按钮，启动3ds Max2012应用程序，并将单位设置为"毫米"。

02 单击█████矩形█████按钮，在顶视图中绘制一个大小为825mm×2320mm的矩形，并将其命名为"搁板A"，然后在修改器列表中选择【挤出】修改器，设置其参数如图7.105所示。

图7.105　挤出

03 单击█████矩形█████按钮，在前视图中绘制一个大小为605mm×2710mm的矩形，并将其命名为"吧台"。单击鼠标右键，将其转换为可编辑样条线。激活【样条线】子对象，在【几何体】卷展栏中单击█████轮廓█████按钮，输入"轮廓"值为28mm，效果如图7.106所示。

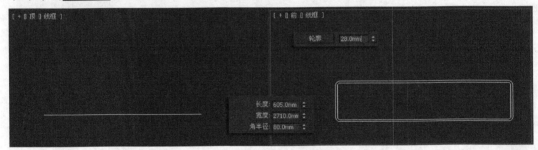

图7.106　轮廓

04 在修改器列表下选择【挤出】修改器，设置参数如图7.107所示。

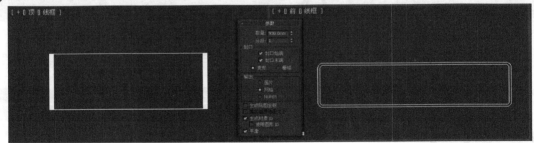

图7.107　挤出

05 单击█████矩形█████按钮，在前视图中创建一个大小为545mm×2640mm的矩形，并将其命名为"吧台B"，然后在修改器列表中选择【挤出】修改器，设置其参数如图7.108所示。

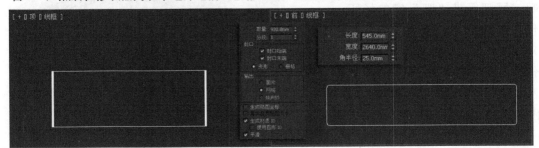

图7.108　挤出

06 在视图中调整造型的位置，效果如图7.109所示。

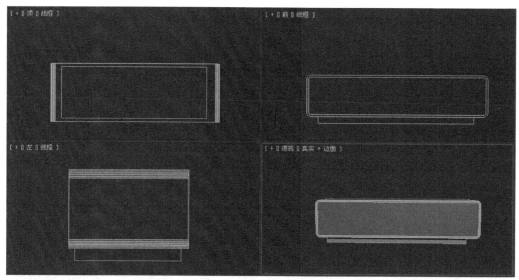

图7.109 调整造型的位置

07 单击 矩形 按钮，在顶视图中绘制一个大小为825mm×2320mm的矩形，并将其命名为"搁板B"，然后在修改器列表中选择【挤出】修改器，设置其参数如图7.110所示。

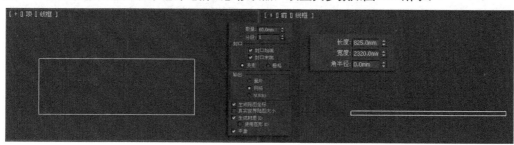

图7.110 挤出

08 在视图中选中"吧台A"和"吧台B"，按住Shift键单击拖曳工具，沿着Y轴向上移动，如图7.111所示。

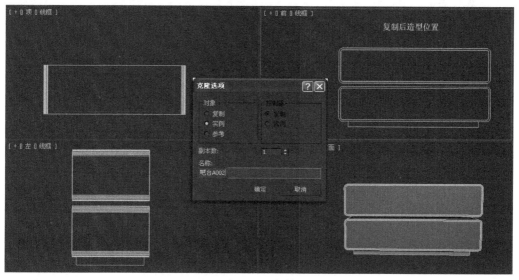

图7.111 复制

09 单击 圆 按钮，在前视图中绘制一个半径为10mm的圆，并将其命名为"装饰"，然后在修改器列表中选择【挤出】修改器，设置其参数如图7.112所示。

图7.112　挤出

10　确认"装饰"处于选中的状态，按住Shift键单击拖曳，将"装饰"复制11个，效果如图7.113所示。

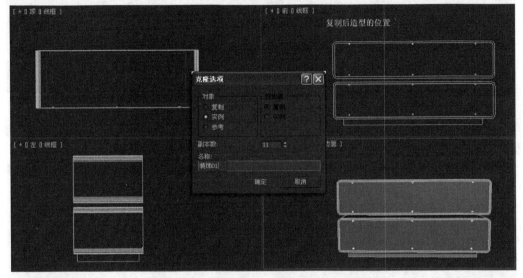

图7.113　复制

11　单击 矩形 按钮，在前视图中绘制一个大小为95mm×47mm的参考矩形，然后单击 线 按钮，在前视图中绘制一条曲线，并将其命名为"支柱"，效果如图7.134所示。

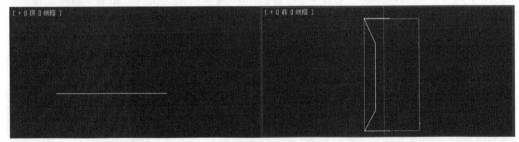

图7.134　绘制曲线

12　确认"支柱"还处于选中的状态，在修改器列表中选择【车削】修改器，设置其参数如图7.135所示。

图7.135　车削

13 按住Shift键单击拖曳，将"支柱"复制8个，效果如图7.136所示。

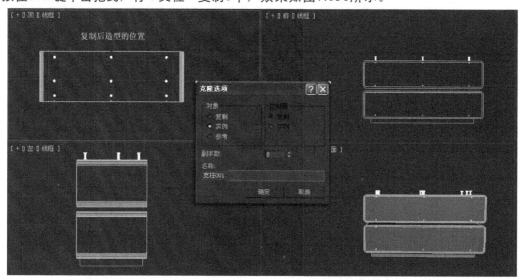

图7.136 复制

14 单击 矩形 按钮，在顶视图中绘制一个大小为825mm×2320mm的矩形，并将其命名为"搁板C"，然后在修改器列表中选择【挤出】修改器，设置其参数如图7.137所示。

图7.137 挤出

15 在视图中调整各造型的位置，效果如图7.138所示。

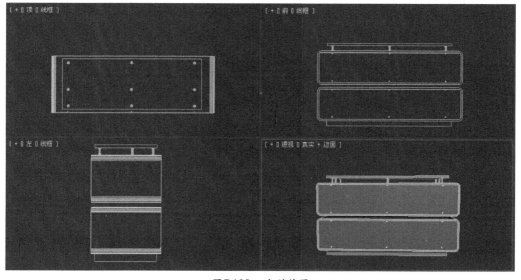

图7.138 造型效果

16 至此，吧台的模型已经全部制作完成了。在快速访问工具栏中单击【保存】按钮，将文件保存。

7.7 课后练习

1. 使用挤出、倒角命令制作会议桌，如图7.139所示。

图7.139　参考效果

2. 使用标准几何体制作文件柜，如图7.140所示。

图7.140　参考效果

第8课
材质基础

材质是3ds Max中的重要内容，可以使生硬的造型变得更加生动和富有生活气息，可使场景看起来更加真实，无论在哪一个应用领域，材质的制作都占据极为重要的地位。但是材质的制作是一个非常复杂的过程，它包括众多参数与选项的多种设置。

本课内容：
- 材质编辑器
- 标准材质
- 复合材质

8.1 材质编辑器

材质的制作是通过材质编辑器完成的。材质编辑器的功能是制作、编辑材质和贴图。3ds Max中的材质编辑器功能十分强大，它可以创建出非常真实的自然材质和不同质感的人造材质，只要能熟练掌握材质编辑和贴图设置的方法，就可以轻而易举地创建出任何效果的材质。材质编辑器如图8.1所示。

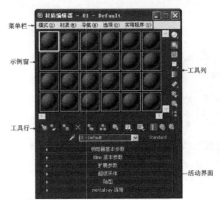

图8.1 材质编辑器

8.1.1 菜单栏

这些菜单栏以菜单的形式将各种材质命令组织到一起，但是，在使用软件的过程中，用户往往不是通过菜单栏执行命令的，因为在这些菜单栏中的命令在工具行、工具列等部分都有对应的快捷按钮，工具栏及命令面板都是这些命令的快捷方式。菜单栏中的【材质】菜单，如图8.2所示。

图8.2 "材质"菜单

8.1.2 示例窗

示例窗显示材质的预览效果。默认情况下，一次可显示6个示例球，可使用滚动栏在示例窗之间移动，如图8.3所示。

如果场景复杂，材质多样，为了使操作更加方便，可以设置示例窗中的示例球一次显示15~24个，通过右键菜单来实现设置，如图8.4所示。

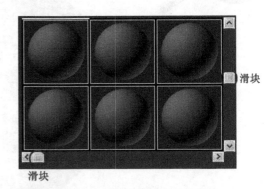

图8.3 示例球的默认显示方式

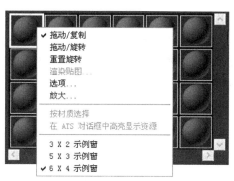

图8.4 右键菜单

示例窗中的示例球有3种工作状态，分别是未使用的示例球、处于当前编辑状态的示例球和激活状态下的示例球，其显示效果如图8.5所示。

未使用　　激活状态　　使用状态

图8.5 示例球的3种状态

8.1.3 工具列

工具列包含着9个命令按钮，这些工具主要控制示例球的显示状态，以便于观察所调整的材质效果，这些工具的设置与材质本身的设置没有关系，工具列如图8.6所示。

图8.6 工具列

■（采样类型）：使用"采样类型"弹出按钮可以选择要显示在活动示例中的几何体。

■（背光）：启用"背光"可将背光添加到活动示例窗中。默认情况下，此按钮处于启用状态。

■（背景）：启用"背景"可将多颜色的方格背景添加到活动示例窗中。如果要查看不透明和透明度的效果，该图案背景很有用处。

■（采样UV平铺）：使用"采样UV平铺"弹出按钮中的按钮可以在活动示例窗中调整采样对象上的贴图图案重复。

■（视频颜色检查）：用于检查示例对象上的材质颜色是否超过安全NTSC或PAL阈

值。这些颜色用于从计算机传送到视频时进行模糊处理。

■（生成预览）：可以使用动画贴图向场景添加运动，例如，要模拟天空视图，可以将移动的云的动画添加到窗口。"生成预览"选项可用于在应用材质之前，在"材质编辑器"中试验它的效果。

■（选项）：此按钮可打开"材质编辑器选项"对话框，如图8.7所示。可以帮助用户控制如何在示例中显示材质和贴图。

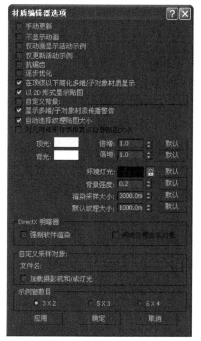

图8.7 "材质编辑器选项"对话框

■（按材质选择）：可以基于"材质编辑器"中的活动材质选择对象。除非活动示例窗包含场景中使用的材质，否则此命令不同。

(材质/贴图导航器)：该导航器显示当前活动示例窗中的材质和贴图。通过单击列在导航器中的材质或贴图，可以导航当前材质的层次。反之，当用户导航"材质编辑器"中的材质时，当前层级将在导航中高光显示。选定的材质或贴图将在示例窗中处于活动状态，同时在下面显示所选材质或贴图对应的卷展栏。

8.1.4 工具行

工具行中的工具主要用于获取材质、贴图，以及将制作好的材质赋予场景中的模型，工具行如图8.8所示。

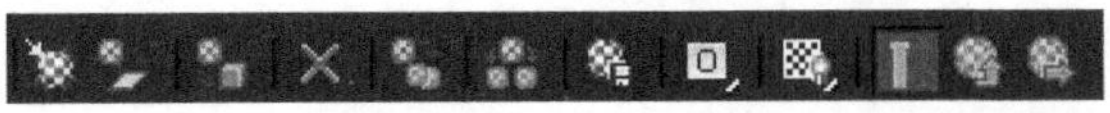

图8.8 工具行

(获取材质)："获取材质"显示材质/贴图浏览器，利用它用户可以选择材质或贴图。

(将材质放入场景)："将材质放入场景"按钮，在编辑材质之后更新场景中的材质。

(将材质指定给选定对象)：使用"将材质指定给选定对象"按钮可将活动示例窗中的材质应用于场景中当前选定的对象。

(重置材质)：使用"重置贴图/材质为默认设置"按钮，重置活动示例窗中的贴图或材质的值。

(复制材质)：示例窗不再是热示例窗，但材质仍然保持其属性和名称。可以调整材质而不影响场景中的该材质。如果获得想要的内容，请单击将材质放入场景，可以更新场景中的材质，再次将示例窗更改为热示例窗。

(使唯一)："使唯一"按钮可以使贴图实例成为唯一的副本。还可以使一个实例化的子材质成为唯一的独立子材质，可以为该子材质提供一个新材质名。子材质是多维/子对象材质中的一种材质。

(放入库)：使用"放入库"按钮可以将选定的材质添加到当前库中。

(材质ID通道)："材质ID通道"弹出按钮中的按钮可将材质标记为Video Post效果或渲染效果，或存储为以PLA或RPF文件格式保存的渲染图像目标。

(视口中显示明暗处理材质)：此控制允许用户在使用软件和硬件之间对视口显示进行切换，也允许用户在使用交互式渲染器的明暗处理视口中对象曲面上切换已贴图材质的显示。

(显示最终结果)：当此按钮处于禁用状态时，示例窗只显示材质的当前级别。使用复合材质时，此工具非常有用。如果不能禁用其他级别的显示，将很难精确地看到特定级别上创建的效果。

(转到父对象)：只有不在复合材质的顶级时，该按钮不可用，则此时处于顶级，并且在编辑字段中的名称与在"材质编辑器"标题栏的名称相匹配。

(转到下一个同级顶)：单击"转到下一个同级项"按钮，将移动到当前材质中相同层级的下一个贴图或材质。

8.1.5 活动界面

在材质编辑器中，工具行下面的部分内容繁多，包括6部分的卷展栏，由于材质编辑器窗口大小的显示，有一部分内容不能全部显示出来，用户可以将光标放置到卷展栏的空白处，当光标变成抓手的形状时，拖曳鼠标可以上下推动卷展栏，即可观察全部内容，因此将这0部分的界面称为材质编辑器的"活动界面"。

材质编辑器的活动界面内容在不同的材质设置时会发生不同的变化。一种材质的初始设置是标准材质，其他材质类型的参数与标准材质大同小异，在这里只介绍标准材质活动窗口。标准材质的参数设置主要包括【明暗器基本参数】、【扩展参数】和【贴图】等卷展栏，如图8.9所示。

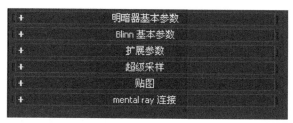

图8.9 活动窗口

8.2 标准材质

在3ds Max中，材质编辑器默认材质编辑类型为标准材质，标准材质是系统默认的材质编辑类型，也是最基本、最重要的一种类型。

8.2.1 标准材质的基本参数

材质的基本参数与扩展参数主要位于【明暗器基本参数】、【Blinn基本参数】、【扩展参数】3个卷展栏中，如图8.10所示。

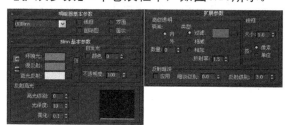

图8.10 标准材质基本参数

1．明暗器基本参数卷展栏

Blinn（明暗器下拉列表）：选择一个明暗器。材质的"基本参数"卷展栏可更改为显示所选明暗器的控件。默认明暗器为Blinn，有7种不同的明暗器，如图8.11所示。

图8.11 下拉列表

线框：以线框模式渲染材质，可在扩展参数上设置线框的大小。

双面：使材质为两面，将材质应用到选定面的双面。

面贴图：将材质应用到几何体的各面。

如果材质是贴图材质，则不需要贴图坐标，贴图会自动应用到对象的每一面。

面状：把表面当作平面，渲染表面的每一面。

2．Blinn 基本参数卷展栏

环境光：控制环境光颜色。环境光颜色是位于阴影中的颜色（间接灯光）。

漫反射：控制漫反射颜色。漫反射颜色是位于直射光中的颜色。

高光反射：控制高光反射颜色。高光反射颜色是发光物体高度显示的颜色。

颜色：启用"颜色"选项后，色样会显示自发光颜色。

不透明度：不透明度控制材质是不透明、透明还是半透明。

高光级别：影响反射高光的强度。随着该值增大，高光将越来越亮，默认设置为5。

光泽度：影响反射高光的大小。随着该值增大，高光越来越小，材质将越来越亮，默认设置为25。

柔化：柔化反射高光的效果，特别是由反射光形成的反射高光。

3．扩展卷展栏

衰减：设置在内部还是在外部进行衰减，以及衰减的程度。

类型：这些控件用于设置如何应用不透明度。

数量：指定最外或最内的不透明数量。

折射率：设置折射贴图和光线跟踪所使用的折射率（IOR）。IOR用来控制材质对透射灯光的折射程度。左侧1.0的IOR，对象沿其边缘反射，如在水面下看到的气泡。默认设置为1.0。

大小：设置线框模式中线框的大小。可以按像素或当前单位进行设置。

按：选择度量线框的方式。

应用：启用该选项以使用反射暗淡；禁用该选项后，反射贴图材质就不会因为直接

灯光的存在或不存在而受到影响。默认设置为禁用状态。

暗淡级别：阴影中的暗淡量。该值为0.0时，反射贴图在阴影中为全黑。该值为0.5时，反射贴图为半暗淡。该值为1.0时，反射贴图没有经过暗淡处理，材质看起来好像禁用"应用"一样。默认设置为0.0。

反射级别：影响不在阴影中的反射的强度。"反射级别"值与反射明亮区域的照明级别相乘，用以补偿暗淡。在大多数情况下，默认值3.0会使明亮区域的反射保存在与禁用反射暗淡时相同的级别上。

8.2.2 贴图使用

对于纹理较为复杂的材质，就需要用贴图来实现。掌握好贴图的应用技巧，对表现效果图的真实性将起到很大的作用。3ds Max在"材质/贴图浏览器"对话框中提供了多种类型的贴图，如图8.12所示，按贴图功能，可分为五大类。

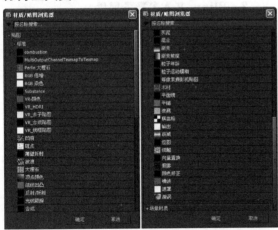

图8.12 材质/贴图浏览器对话框

1．2D

2D贴图是二维图像，通常贴到几何对象的表面，或用做环境贴图来为场景创建背景。2D贴图类型如下。

位图：位图是由彩色像素的固定矩阵生成的图像，如马赛克。位图可以用来创建多种材质，例如木纹、墙面、蒙皮和羽毛，也可以使用动画或视频文件替代位图来创建动画材质。

棋盘格：棋盘格图案组合为两种颜色，可以通过贴图替换颜色。

Combustion：与Discreet Combustion产品配合使用。可以在位图或对象上直接绘制，并且在材质编辑器和视口中可以看到效果更新，该贴图可以包括其他Combustion效果，并且可以将其他效果图设置为动画。

渐变：进行从一种颜色到另一种颜色的明暗处理。

渐变坡度："渐变坡度"是与"渐变"贴图相似的2D贴图。它从一种颜色到另一种颜色进行着色。在这个贴图中，可以为渐变指定任何数量的颜色或贴图。它有许多用于高度自定义渐变的控件。几乎任何"渐变坡度"参数都可以设置动画。

漩涡：漩涡是一种2D程序的贴图。它生成的图案类似于两种口味冰激凌的外观。如同其他双色贴图一样，任何一种颜色都可用其他贴图替换，所以举例来说，大理石与木材也可以生成漩涡。

平铺：使用"平铺"程序贴图，可以创建砖、彩色瓷砖或材质贴图。

2．3D

3D贴图是根据程序以三维方式生成的图案。3D贴图类型如下。

细胞：细胞贴图是一种程序贴图，生成

用于各种视觉效果的细胞图案，包括马赛克瓷砖、鹅卵石表面甚至海洋表面。

凹痕：凹痕是3D程序贴图。扫描线渲染过程中，"凹痕"根据分形噪波产生随机图案。

衰减："衰减"贴图基于几何体曲面上法线的角度衰减来生成从白到黑的值。用于指定角度衰减的方向会随着所选的方法不同而改变。根据默认设置，贴图会在法线从当前视图指向外部的面上生成白色，而在法线与当前视图相平行的面上生成黑色。

大理石：大理石贴图针对彩色背景生成带有彩色纹理的大理石曲面，将自动生成第三种颜色。

噪波：噪波是三维形式的湍流图案。与2D形式的棋盘格一样，其基于两种颜色，每一种颜色都可以设置贴图。

粒子年龄：基于粒子的寿命更改粒子的颜色。

粒子运动模糊：基于粒子的移动速率更改其前端和尾部的不透明度。

大理石：带有湍急图案的备用程序大理石贴图。

烟雾：烟雾是生成无序、基于分形的湍流图案的3D贴图。主要用于设置动画的不透明贴图，以模拟一束光线中的烟雾效果或其他云状流动贴图效果。

斑点：斑点是一个3D贴图，它生成斑点的表面图案，该图案用于漫反射贴图和凹凸贴图，以创建类似花岗岩的表面和其他图案的表面。

泼溅：生成类似于泼墨画的分形图案。

灰泥：灰泥是一个3D贴图，它生成一个表面图案，该图案对于凹凸贴图创建灰泥表面的效果非常有用。

波浪：波浪是一种生成水花或波纹效果的3D效果。它生成一定数量的球形波浪中心并将它们随机分布在球体上，可以控制波浪组数量、振幅和波浪速度。此贴图相当于同时施加漫反射和凹凸效果的贴图。在与不透明贴图结合使用时，它也非常有用。

木材：木材是3D程序贴图，此贴图将整个对象体积渲染成波浪纹图案，可以控制纹理的方向、粗细和复杂度。

3．合成贴图

合成贴图专用于合成其他颜色或贴图。在图像处理中，合成图像是指两个或多个图像叠加以将其组合。合成贴图类型如下。

合成：合成贴图类型由其他贴图组成，并且可使用Alpha通道和其他方法将其层置于其他层之上。对于此类贴图，可使用含Alpha通道的叠加图像。

遮罩：使用遮罩贴图，可以在曲面上通过一种材质查看另一种材质。遮罩控制应用到曲面的第二个贴图的位置。

混合：通过"混合贴图"可以将两种颜色或材质合成在曲面的一侧，也可以将"混合数量"参数设为动画，然后画出使用变形功能曲线的贴图，从而控制两个贴图随时间混合的方式。

4．颜色修改器贴图

使用颜色修改器贴图可以改变材质中像素的颜色。颜色修改器贴图类型如下。

输出：使用"输出"贴图，可以将输出设置应用于没有这些设置的程序贴图，如方格或大理石。

RGB染色："RGB染色"可调整图像中三种颜色通道的值。三种色样代表三种通道，更改色样可以调整其相关颜色通道的值。

顶点颜色：顶点颜色贴图设置应用于可渲染对象的顶点颜色。可以使用顶点绘制修改器、指定顶点颜色工具来设置顶点颜色，也可以使用可编辑网格顶点控件、可编辑多边形顶点控件来指定顶点颜色。

5．反射和折射贴图

这些贴图在材质/贴图浏览器中是创建反射和折射的贴图，下列每个贴图都有特定用途。

平面镜：平面镜贴图应用到共面面集合时，生成反射环境对象的材质。可以将它指定为材质的反射贴图。

光线跟踪：使用"光线跟踪"贴图可以提

供全部光线跟踪反射和折射效果，生成的反射和折射效果比反射/折射贴图更精准。渲染光线跟踪对象的速度比使用反射/折射贴图的速度低。另一方面，光线跟踪对3ds Max场景渲染进行优化，并且通过将特定对象或效果排除于光线跟踪之后，可以进一步优化场景。

反射/折射：反射/折射贴图生成反射或折射表面。

薄壁折射：薄壁折射模拟"缓进"或偏移效果。为玻璃建模时，这种贴图的速度更快，所用内存更少，并且提供的视觉效果要优于反射/折射贴图。

8.2.3 贴图坐标

当材质调用了贴图后，材质在赋给模型的时候就会出现贴图与模型表面适配的问题。贴图并不是随机铺在模型表面上的，贴图坐标就是指定贴图按照何种方式、尺寸在物体表面显示的坐标系统。

贴图坐标包括内建贴图坐标和外在贴图坐标两种形式，内建贴图坐标是模型自带的贴图坐标；外在贴图坐标是通过修改器添加的贴图坐标。

1. 材质编辑器中贴图坐标的调整

当材质调用了贴图后，材质便有了材质和贴图两个级别，通过材质编辑器工具行中的级别转换按钮，可以在贴图与材质级别之间转换，用于调整贴图的坐标卷展栏，如图8.13所示。

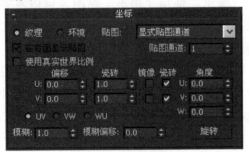

图8.13　坐标卷展栏

纹理：将该贴图作为纹理贴图应用于表面。

环境：使用贴图作为环境贴图。

贴图：其包含的选项因选择纹理贴图或环境贴图而异，列表选项如图8.14所示。

图8.14　列表选项

在背面显示贴图：启用此选项后，平面贴图将被投影到对象的背面，并且能对其进行渲染；禁用此选项后，不能在对象背面对平面贴图进行渲染。默认设置为启用。

使用真实世界比例：启用此选项之后，使用真实"宽度"和"高度"值而不是UV值将贴图应用于对象。默认设置为启用。

偏移：在UV坐标中更改贴图的位置。

瓷砖：决定贴图沿着每根轴平铺（重复）的次数。

镜像：从左至右或从上至下镜像贴图。

角度：绕U、V和W轴旋转贴图。

模糊：基于贴图与视图的距离影响贴图的锐度或模糊度。距离越远越模糊。模糊主要用于消除锯齿。

模糊偏移：影响贴图的锐度或模糊度，而与视图的距离无关，"模糊偏移"模糊对象空间中自身的图像。如果需要对贴图的细节进行软化处理或散焦处理以达到模糊图像的效果，则使用此选项。

▇▇旋转▇▇（旋转）：打开"旋转贴图坐标"对话框，可通过在弧形球图上拖动来旋转贴图。

2. UVW Map修改器

当一个模型创建完成后，就具有一个自己的贴图坐标，也就是内建的贴图坐标。但是如果修改了模型，其贴图坐标就会被破坏，此时就需要重新指定一个外在的贴图坐标。

在场景中选中模型，在修改命令面板的 ▇修改器列表▇▇ 下拉列表中选择UVW Map命令，其参数卷展栏如图8.15所示。

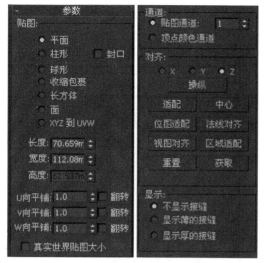

图8.15　UVW Map参数卷展栏

平面：从对象上的一个平面投影贴图，在某种程度上类似于投影幻灯片。

柱形：从圆柱体投影贴图，使用它包裹对象。位图接合处的缝是可见的，除非使用无缝贴图。圆柱形投影用于基本形状为圆柱形的对象。

球形：通过从球体投影贴图来包围对象。在球体顶部和底部、位图边与球体两极交汇处会看到缝和贴图极点。球形投影用于基本形状为球形的对象。

收缩包裹：使用球形贴图，但是它会截去贴图的各个角，然后一个单独极点将它们全部结合在一起，仅创建一个极点，收缩包裹贴图用于隐藏贴图极点。

长方体：从长方体的六个侧面投影贴图。每个侧面投影为一个平面贴图，且表面上的效果取决于曲面法线。

面：对对象的每个面应用贴图副本。使用完成矩形贴图共享隐藏边的成对面。使用贴图的矩形部分贴图不带隐藏边的单个面。

XYZ到UVW：将3D程序坐标贴图到UVW坐标，这会将程序纹理贴到表面。如果表面被拉伸，3D程序贴图也将被拉伸。对于包含动画拓扑的对象，要结合程序纹理使用此选项。如果当前选择了NURBS对象，那么"XYZ到UVW"不可用。

长度、宽度、高度：指定"UVW贴

图"Gizmo的尺寸。在应用修改器时，贴图图标的默认缩放由对象的最大尺寸决定。可以在Gizmo层级设置投影的动画。

U向平铺、V向平铺、W向平铺：用于指定UVW贴图的尺寸以便平铺图像。这些是浮点值，可设置动画以便随时间移动贴图的平铺。

X轴对齐、Y轴对齐、Z轴对齐：选择其中之一，可变换贴图Gizmo的对齐方式，指定Gizmo的哪个轴与对象的局部z轴对齐。

操纵（操纵）：启用时，Gizmo出现在可改变视口中参数的对象上。

适配（适配）：将Gizmo适配到对象的范围并使其居中，以使其锁定到对象的范围。在启用"真实世界贴图大小"时不可用。

中心（中心）：移动Gizmo，使其中心与对象的中心一致。

位图适配（位图适配）：打开标准的位图文件浏览器，从而选取图像。在启用"真实世界贴图大小"时不可用。

法线对齐（法线对齐）：单击该按钮并在要应用修改器的对象曲面上拖动。Gizmo的原点放在光标在曲面所指向的点，Gizmo的XY平面与该面对齐。Gizmo的X轴位于对象的XY平面上。

视图对齐（视图对齐）：将贴图Gizmo重定向为面向活动视口，图标大小不变。

区域适配（区域适配）：激活一个模式，从中可在视口中拖动以定义贴图Gizmo的区域。不影响Gizmo的方向。在启用"真实世界贴图大小"时不可用。

重置（重置）：删除控制Gizmo的当前控制器，并插入使用"拟合"功能初始化的新控制器，所有Gizmo动画都将丢失。可通过单击"撤销"来重置操作。

获取（获取）：在拾取对象以从中获得UVW时，从其他对象有效复制UVW坐标，弹出一个对话框提示选择以绝对方式或相对方式完成获取。

不显示接缝：用相对细的线条，在视口

中显示对象曲面上的贴图边界。放大或缩小视图时，线条的粗细保持不变。

显示厚的接缝：使用相对粗的线条，在

视口中显示对象曲面上的贴图边界。在放大视图时，线条变粗；在缩小视图时，线条变细。

8.3 复合材质

所谓复合材质就是通过某种方式将两种或两种以上的材质组合到一起，产生特殊效果的材质。

8.3.1 多维/子对象材质

多维/子对象材质由多个标准材质或其他类型材质组成。可根据模型ID号将不同的材质赋予模型的各面片上，从而达到给一个对象赋予多个材质的目的。如图8.16所示。

图8.16 多维/子对象材质

在材质编辑器中选择一个示例球，单击 Standard 按钮，在弹出的"材质/贴图浏览器"对话框中，选择多维/子对象的参数卷展栏下设置材质的个数，默认状态下的参数卷展栏，如图8.17所示。

图8.17 "多维/子对象参数"卷展栏

设置数量（设置数量）：设置构成材质的子材质数量。在多维/子对象材质级别上，示例窗的示例对象显示子材质的拼凑效果。

添加（添加）：单击该按钮可将新子材质添加到列表中。

删除（删除）：单击该按钮可从列表中移除当前选中的子材质。删除子材质操作可以撤销。

ID（材质ID号）：单击该按钮将列表排序，其顺序为从最低材质ID的子材质开始，至最高材质ID的子材质结束。

名称（名称）：单击可以输入材质名称。

子材质（子材质）：单击此按钮将按照显示于子材质按钮上的子材质名称排序。

8.3.2 双面材质

双面材质包含两种独立的标准材质，并将其分别赋予三维模型的内、外面，使之均成为可见面，如图8.18所示。

图8.18 双面材质效果

在材质编辑器中选择一个示例球，单击后，在弹出的材质/贴图浏览器对话框中选择双面材质类型，"双面基本参数"卷展栏，如图8.19所示。

图8.19 双面基本参数卷展栏

半透明：设置一个材质通过其他材质显示的数量，范围为0.0%～100.0%。设置为100%时，可以在内部面上显示外部材质，并在外部面上显示内部材质。设置为中间值时，内部材质指定的百分比将下降，并显示在外部面上。默认设置为0.0。

正面材质：单击此选项可打开材质/贴图浏览器，从而选择正面使用的材质。

背面材质：单击此选项可打开材质/贴图浏览器，从而选择背面使用的材质。

8.3.3 混合材质

混合材质可以在曲面的单个面上将两种材质混合。混合具有可设置动画的"混合量"参数，该参数可以用来绘制材质变形功能曲线，以控制随时间混合两个材质的方式。混合材质效果如图8.20所示。

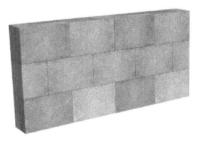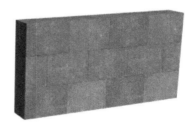

图8.20 混合材质效果

在材质编辑器中选择一个示例球，单击 Standard 按钮，在弹出的"材质/贴图浏览器"对话框中选择混合材质类型，"混合基本参数"卷展栏，如图8.21所示。

材质1、材质2：设置两个用以混合的材质，利用右侧的复选框来启用和禁用材质。

遮罩：设置用做遮罩的贴图。两个材质之间的混合度取决于遮罩贴图的强度。遮罩的明亮区域显示的主要为"材质1"，而遮罩的黑暗区域显示的主要为"材质2"。使用右侧的复选框可启用或禁用该遮罩贴图。

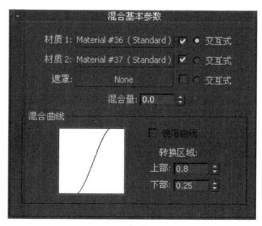

图8.21 混合基本卷展栏

混合量：确定混合的比例（百分比）。0%表示只要"材质1"在曲面上可见，100%表示只有"材质2"在曲面上可见。如果已指定遮罩贴图，并且勾选遮罩右侧的复选框，则此选项不可用。

使用曲线：确定"混合曲线"是否影响混合。只有指定并激活遮罩，该控制才可用。

转换区域：调整"上限"和"下限"的级别。如果这两个值相同，那么两个材质会在一个确定的边上接合。较大的范围能产生从一个子材质到另一个子材质更为平缓的混合。混合曲线显示更改这些值的效果。

8.4 课后练习

1. 认识材质编辑器。
2. 认识标准材质、VRay材质。

第9课
常见室内家具材质的设置

3ds Max场景中造型的质感是通过材质的设定来实现的，材质设置得好坏是决定一幅效果图是否成功的一个重要因素，设置合理的材质不仅可以使生硬的造型真实起来，还能使效果图充满生气、富有艺术效果。同时，材质的设置是效果图制作中较难把握的，它包含着许多技巧，可以表现出极强的个人风格。本课介绍制作常见室内材质效果。

本课内容：

- 理想漫反射表面材质
- 光滑表面材质
- 透明类玻璃材质
- 凹凸表面类材质
- 高反光金属材质

9.1 理想的漫反射表面材质

本例通过调制墙面上的乳胶漆材质，详细地讲述各种乳胶漆材质的调制过程。乳胶漆材质，如图9.1所示。

图9.1 理想表面材质

01 在桌面上双击 图标，启动3ds Max 2012中文版应用程序。

02 打开随书光盘"模型"／"第9课"／"漫反射表面材质.max"文件，如图9.2所示。

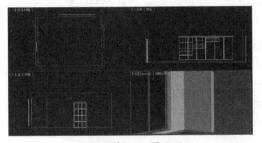

图9.2 打开场景文件

03 打开【材质编辑器】窗口，选择第一个材质球，单击 Standard （标准）按钮，在弹出的【材质／贴图浏览器】窗口中选择VRayMtl材质，如图9.3所示。

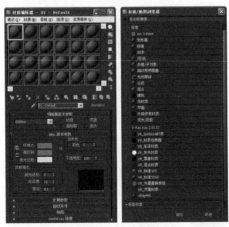

图9.3 选择VRayMtl材质

> **提 示**
>
> 在调制材质的时候，主要是以VRayMtl材质为主，这就必须要在调制材质之前，先在【渲染场景】对话框中将VRay指定为当前的渲染器，否则【材质／贴图浏览器】对话框中就不会出现VRayMtl材质。

在调制材质之前，我们先来分析一下真实世界里的墙面究竟是什么样，在离墙面比较远的距离去观察墙面的时候，墙面是较平整的、颜色比较白的；当靠近墙面观察，可以发现上面有很多不规则的凹凸和痕迹，这是由于刷乳胶漆的时候，使用的刷子涂抹留下的痕迹，这些痕迹是不可避免的，所以在调制白乳胶漆材质的时候，不需要考虑痕迹。

04 将材质命名为"白乳胶漆"，设置【漫反射】颜色值为"红：245，绿：245，蓝：245"。而不是纯白色的值255，这是因为墙面不可能全部反光，【反射】颜色值为"红：23，绿：23，蓝：23"，如图9.4所示。

图9.4 参数设置

05 在【选项】卷展栏下取消勾选【跟踪反射】选项，参数设置如图9.5所示。

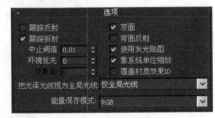

图9.5 参数设置

提示

如果想调制带有颜色的乳胶漆,直接调整【漫反射】里面的颜色就可以了;想表现凹凸不平的墙面(拉毛墙),在凹凸通道里面放置一个带有凹凸纹理的贴图即可。

06 单击工具栏中的 (渲染产品)按钮,将场景进行渲染,渲染效果如图9.6所示。

07 至此,漫反射表面材质已经全部制作完成了。在快速访问工具栏中单击【保存】按钮,将文件保存。

图9.6 渲染效果

9.2 光滑表面材质

本例通过为场景中的地面调制地板材质,详细地讲述光滑表面材质的调制。光滑表面材质的最终效果,如图9.7所示。

图9.7 光滑表面材质

01 在桌面上双击 图标,启动3ds Max 2012中文版应用程序。

02 打开随书光盘中"模型"/"第9课"/"光滑表面材质.max"文件,如图9.8所示。

图9.8 打开场景文件

03 单击 (材质编辑器)按钮,选择一个新的材质示例球,将当前的材质指定为VRayMtl材质,材质命名为"地板"。效果如图9.9所示。

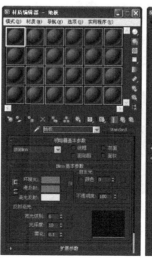

图9.9 VRayMtl材质

04 在【基本参数】卷展栏中设置【漫反射】颜色值为"红:168,绿:112,蓝:67",【反射】颜色值为"红:36,绿:36,蓝:36",设置【反射光泽度】为0.9,如图9.10所示。

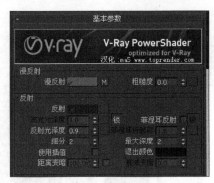

图9.10 参数设置

05 在【漫反射】后单击 M 按钮，在弹出的【材质／贴图浏览器】对话框中选择【位图】，如图9.11所示。

图9.11 选择位图

06 在弹出的【选择位图图像文件】对话框中，选择随书光盘中的Maps/hefloor (5).jpg位图文件，如图9.12所示。

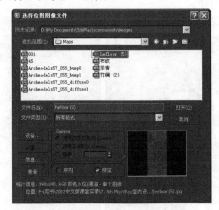

图9.12 选择位图文件

07 在【反射】后单击 ■ 按钮，在弹出的【材质

／贴图浏览器】对话框中选择【衰减】，如图9.13所示。

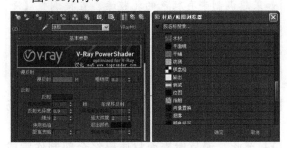

图9.13 衰减

08 在【衰减参数】卷展栏中设置参数，如图9.14所示。

图9.14 【衰减参数】卷展栏

09 单击工具栏中 ■ （渲染产品）按钮，渲染场景，最终效果如图9.15所示。

图9.15 最终效果

10 至此，光滑表面材质已经全部制作完成了。在快速访问菜单栏中单击【保存】按钮，将文件保存。

9.3 透明类玻璃材质

本例通过调制茶几的玻璃材质，详细地讲述透明类玻璃材质的调制方法与技巧。透明类玻璃的效果，如图9.16所示。

图9.16 透明玻璃类材质

01 在桌面上双击◎图标，启动3ds Max 2012中文版应用程序。

02 打开随书光盘"模型"/"第9课"/"透明类玻璃材质.max"文件，如图9.17所示。

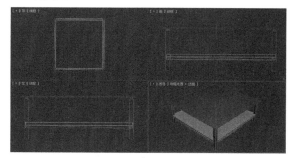

图9.17 打开场景文件

03 单击◙（材质编辑器）按钮，选择一个新的材质示例球，将当前的材质指定为VRayMtl，并将材质命名为"透明类玻璃"。在【基本参数】卷展栏设置参数，如图9.18所示。

图9.18 参数设置

04 在【参数设置】卷展栏中设置【反射】颜色值，如图9.19所示。

图9.19 参数设置

05 在【贴图】卷展栏中单击【反射】后的 None 按钮，在弹出的【材质/贴图浏览器】对话框中选择【衰减】，如图9.20所示。

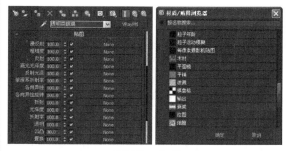

图9.20 衰减

06 在【衰减参数】卷展栏中设置参数，如图9.21所示。

图9.21 【衰减参数】卷展栏

07 在【贴图】卷展栏中单击【环境】后的 None 按钮，在弹出的【材质/贴图浏览器】中选择VR-HDRI，如图9.22所示。

图9.22 VR-HDRI

08 在【参数】卷展栏中单击 浏览 按钮，在弹出的Choose HDRI image对话框中选择随书

光盘中的Maps/kitchen_probe.hdr文件，如图
9.23所示。

图9.23 参数设置

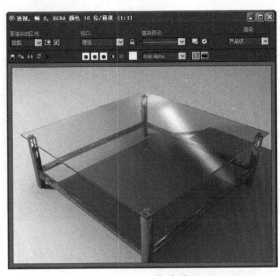

09 至此，透明类玻璃材质已经制作完成了。单
击工具栏中■（渲染产品）按钮，渲染场
景，最终渲染效果，如图9.24所示。

10 在快速访问工具栏中单击【保存】按钮，将
文件保存。

图9.24 渲染效果

9.4 凹凸表面类材质

本例通过调制凹凸
表面类材质，详细地讲述使用【VRay置换模
式】表现凹凸表面类材质的调制过程。凹凸
表面类材质的效果，如图9.25所示。

01 在桌面上双击■图标，启动3ds Max 2012中
文版应用程序。

图9.25 凹凸表面类材质

02 打开随书光盘中的"模型" / "第9课" / "凹凸表面类材质.max"文件，如图9.26所示。

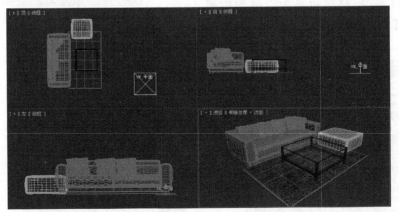

图9.26 打开场景文件

03 单击■（材质编辑器）按钮，选择一个新的材质示例球，将当前的材质指定为VRayMtl，材质
命名为"地毯"。

04 单击【贴图】卷展栏下【漫反射】后的 _____None_____ 按钮，在弹出的【材质/贴图浏
览器】对话框中选择【位图】，然后在【选择位图图像文件】对话框中，选择随书光盘中的Maps/7_

aKbM5upWZjlW.jpg位图文件，如图9.27所示。

图9.27 选择位图图像文件

05 按住Shift键，在【贴图】卷展栏下单击【漫反射】后的按钮，将添加的贴图复制到【凹凸】下，如图9.28所示。

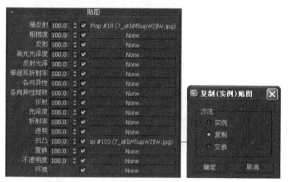

图9.28 复制

06 单击 按钮，将调制完成的凹凸表面类材质赋予地毯物体，这个地毯是一个切角长方体。

07 在视图中选中作为地毯的切角长方体，然后在修改器列表中选择【VR-置换修改】，设置其参数如图9.29所示。

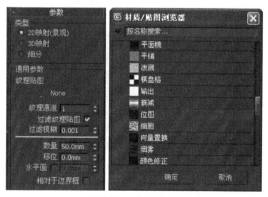

图9.29 选择位图

08 在弹出的【选择位图图像文件】对话框中，

选择随书光盘中的Maps/7_aKbM5upWZjlW.jpg位图文件，如图9.30所示。

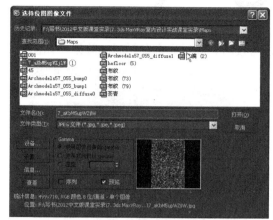

图9.30 选择位图图像文件

09 在【参数】卷展栏下【通用参数】组中将【数量】设置为50mm，如图9.31所示。

图9.31 参数设置

10 至此，凹凸表面类材质已经制作完成了。单击工具栏中 （渲染产品）按钮，渲染场景，最终渲染效果，如图9.32所示。

图9.32 渲染效果

11 在快速访问工具栏中单击【保存】按钮，将文件保存。

9.5 高反光金属材质

本例通过调制厨房的不锈钢壶，详细地讲述高反光金属材质调制的方法与技巧。高反光金属材质的效果，如图9.33所示。

图9.33　高反光金属材质

01 双击桌面上的❸按钮，启动3ds Max2012应用程序。

02 打开随书光盘中的"模型"／"第9课"／"高反光金属材质.max"文件，如图9.34所示。

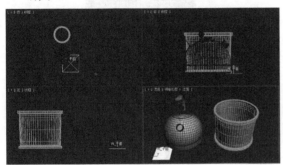

图9.34　打开场景文件

03 单击❷（材质编辑器）按钮，选择一个新的材质示例球，将当前的材质指定为VRayMtl，材质命名为"不锈钢"。

04 在【基本参数】卷展栏中设置【漫反射】和【反射】的颜色值，设置其参数如图9.35所示。

图9.35　设置参数

05 在【贴图】卷展栏下单击【反射】后的按钮 None ，在弹出的【材质／贴图浏览器】对话框中选择【衰减】，如图9.36所示。

图9.36　衰减

06 将【反射】值设置为50%，如图9.37所示。

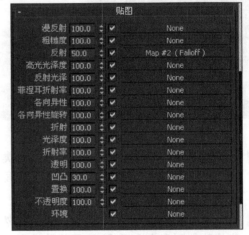

图9.37　参数设置

07 在【衰减参数】卷展栏中设置其参数，如图9.38所示。

图9.38　【衰减参数】卷展栏

08 在【贴图】卷展栏下单击【环境】后的按钮 None ，在弹出的【材质／贴图浏览器】对话框中选择VR-HDRI，如图9.39所示。

09 在【参数】卷展栏中单击 浏览 按钮，在弹出Choose HDR image对话框中，选择随书光盘中的Maps/kitchen_probe.hdr文件，设置其参数如图9.40所示。

图9.39 VR-HDRI

图9.40 选择位图文件

10 在工具栏中单击 （渲染产品）按钮，将场景文件渲染，最终渲染效果，如图9.41所示。

图9.41 渲染效果

11 至此，高反光金属材质全部制作完成。在快速访问工具栏中单击【保存】按钮，将文件保存。

9.6 课后练习

1. 制作水材质，如图9.42所示。

图9.42 参考效果

2．制作沙发材质，如图9.43所示。

图9.43　参考效果

第10课
灯光与摄影机的使用

在3ds Max中，灯光是模拟真实光源的物体，不同类型的灯光通过不同的方式投射光线，模拟了真实世界中的不同光源。摄影机则为用户提供了特殊的观察角度，还可以通过设置摄影机的运动来制作动画。

本课内容：

- 灯光的类型
- 灯光的使用原则
- 常见的灯光设置方法
- 摄影机的设置
- 摄影机特效

10.1 灯光的类型

灯光是模拟真实灯光的对象，如室内吊灯、台灯、筒灯、射灯和太阳自然光等，都可以通过不同类型的灯光对象表现出来。

在3ds Max中，灯光是作为一种物体类型出现的。在灯光创建面板中，系统提供了标准灯光和光度学灯光，如图10.1所示。

图10.1　灯光的类型

10.1.1　标准灯光

标准灯光是基于计算机的模拟灯光对象，如家用或办公室灯、舞台和电影工作时使用的灯光设备和太阳光本身。不同种类的灯光对象可用不同的方法投射灯光，模拟不同种类的光源。与光度学灯光不同，标准灯光不具有基于物理的强度值。

1．目标聚光灯

目标聚光灯像闪光灯一样投射聚焦的光束，这是剧院中或桅灯下的聚光区。目标聚光灯使用目标对象指向摄影机。重命名目标聚光灯时，目标将自动重命名以与之匹配。

2．自由聚光灯

自由聚光灯像闪光灯一样投射聚焦的光束。与目标聚光灯不同的是，自由聚光灯没有目标对象。用户可以移动和旋转自由聚光灯以使其指向任何方向。

当用户希望聚光灯跟随一个路径，但是却不希望将聚光灯和目标连接到虚拟对象或需要沿着路径倾斜时，自由聚光灯非常有用。目标聚光灯与自由聚光灯，如图10.2所示。

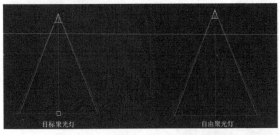

图10.2　标聚光灯和自由聚光灯

3．目标平行光

工具行中的工具主要用于获取材质、贴图，以及将制作好的材质赋予场景中的模型。

当太阳在地球表面上投射时，所有平行光以一个方向投射平行光线，平行光主要用于模拟太阳光。可以调整灯光的颜色、位置，并在视图中旋转调整灯光。

由于平行光线是平行的，所以平行光线呈圆形或矩形棱柱而不是圆锥体。

4．自由平行光

与目标平行光不同的是，自由平行光没有目标对象。移动和旋转灯光对象以在任何方向将其指向。当在日光系统中选择"标准"太阳时，使用自由平行光。目标平行光和自由平行光，如图10.3所示。

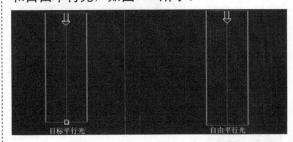

图10.3　目标平行光和自由平行光

5．泛光灯

"泛光灯"从单个光源向各个方向投射光线。泛光灯用于将"辅助照明"添加到场景中，或模拟点光源，如图10.4所示。

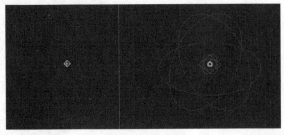

图10.4　泛光灯

泛光灯可以投射阴影和投影。单个投射阴影的泛光灯等同于六个投射阴影的聚光灯，从中心指向外侧。

当设置由泛光灯投射的贴图时，投射贴图的方法与映射到环境中的方法相同。当使用"屏幕环境"坐标或"显式贴图通道纹理"坐标时，将以放射状投射贴图的六个副本。泛光灯的参数设置与聚光灯和平行光相比比较简单。

6. 天光

"天光"灯光建立日光的模型。意味着与光跟踪器一起使用。可以设置天空的颜色或将其指定为贴图。对天空建模作为场景上方的圆屋顶。为了在向场景中添加天光时正确处理光能传递，需要确认墙壁具有封闭的角落，并且地板和天花板的厚度要分别比墙壁薄和厚。在本质上，构建3D模型就应像构建真实世界的结构一样。如果所构建模型的墙壁是通过单边相连的，或者底板和天花板均为简单的平面，则在添加天光后处理光能传递时，可沿这些边缘以"灯光泄漏"结束。

7. 区域泛光灯和区域聚光灯

当使用Mental Ray渲染器渲染场景时，区域泛光灯从球体或圆柱体区域发射光线，而不是从点源发射光线。使用默认的扫描线渲染器，区域泛光灯像其他标准的泛光灯一样发射光线。

当使用Mental Ray渲染器渲染场景时，区域聚光灯从矩形或碟形区域发射光线，而不是从点源发射光线。使用默认的扫描线渲染器，区域聚光灯像其他标准的聚光灯一样发射光线。

10.1.2 光度学

当使用光度学灯光时，3ds Max对光线通过环境的传播提供基于物理的模拟。这样做的结果是不仅实现了非常逼真的渲染效果，而且也准确测量了场景中的光线分布。这种光线的测量称为"光度学"。

有多种理论用来描述自然光线。在下面的讨论是将光线定义为从人观察的角度生成可视感觉的辐射能。在设计发光系统时，感兴趣的是评估其对人类视觉反应系统所产生的影响。因此，光度学是为测量光线而开发的，它考虑了人类眼睛和大脑系统的心理学效应。

光度学灯光使用光度学（光能）值，通过这些值可以更精确地定义灯光，就像在真实世界一样。用户可以创建具有各种分布和颜色特性灯光，或导入照明制造商提供的特定光度学文件。

1. 目标灯光

目标灯光具有可以用于指向灯光的目标子对象。目标灯光主要有3种类型的分布，如图10.5所示。

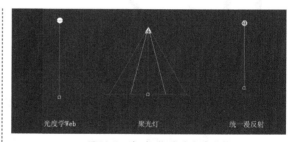

图10.5　灯光类型的分布

如果所选分布影响灯光在场景中的扩散方式时，灯光图形会影响对象投影阴影的方式。此设置须单独进行选择。通常，较大区域的投影阴影较柔和。所提供的六个选项如下。

（1）点：对象投影阴影时，如同几何点（如裸灯泡）在发射灯光一样。

（2）线形：对象投影阴影时，如同线形（如荧光灯）在发射灯光一样。

（3）矩形：对象投影阴影时，如同矩形区域（如天光）在发射灯光一样。

（4）圆形：对象投影阴影时，如同圆形（如圆形舷窗）在发射灯光一样。

（5）球体：对象投影阴影时，如同球体（如球形照明器材）在发射灯光一样。

（6）圆柱体：对象投影阴影时，如同圆柱体（如管形照明器材）在发射灯光一样。目标灯光光线发射显示，如图10.6所示。

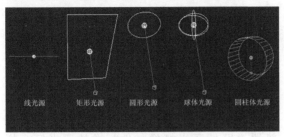

图10.6　目标灯光光线发射显示

2．自由灯光

自由灯光不具备目标子对象，用户可以通过使用变换瞄准它。自由灯光的光照区域显示与目标灯光一样，只是没有目标点，如图10.7所示。

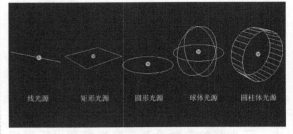

图10.7　自由灯光光线发射显示

3．Mr天空门户

Mr（Mental Ray）天空门户对象提供了一种"聚集"内部场景中的现有天空照明的有效方法，无须高度最终聚集或全局照明设置（这会使渲染时间过长）。实际上，门户就是一个区域灯光，从环境中导出其亮度和颜色。

10.2 灯光的使用原则 ───────○

灯光的设置方法会根据每个人的布光习惯，以及审美观点的不同而有很大的区别，因此灯光的设置没有一个固定的原则，这也是灯光布置难以掌握的原因之一。但是，根据光线传播的规律，在灯光的设置中应该注意几点，也可以称为"灯光设置的原则"。

1．灯光设置之前明确光线的类型，是自然光、人工光还是漫反射光。

2．明确光线的方向、阴影的方向。

3．明确光线的明暗透视关系。不要将灯光设置太多、太亮，使整个场景没有一点层次和变化，使其显得更加"生硬"，谨慎地使用黑色，可以产生微妙和光影变化。

4．灯光的设置不要太过随意，随意地摆放灯光，致使成功率非常低。明确每一盏灯光的控制对象是灯光布置中的首要因素。使每盏灯尽量负担少的光照任务。

5．在布光时，不要滥用排除、衰减，这会增加对灯光控制的难度。

10.3 常见的灯光设置方法 ───────○

在灯光的设置中，不论是对单个的造型还是对复杂的场景实施照明，灯光类型的选择、灯光参数的调整都不是随意的、没有根据的。在3ds Max中，用户的任务主要是模拟实际场景，因此灯光的设置也应该根据实际场景中光线的传播规律进行。

在设置灯光的时候，一个造型或者空间的照明往往需要多个灯光共同作用，这些灯光的作用也不是等同的，有的灯光起作用大一些，有的灯光起作用小一些。由于它们的作用不同，其设置的先后顺序也有区别。一般情况下，用户设置灯光总是按照"主光源──→辅助光源──→背景光源"的顺序进行。

1．主光源：主光源是指在照明中起主要作用的光源，主光源提供场景照明的主要光线，确定光线的方向，确定场景中造型的阴影，决定整个场景的明暗程度。因此，在灯光设置的过程中，主光源的设置是第一步。主光源主要指太阳光、室内主要灯具光源，通过目标平行光、目标聚光灯或泛光灯来模拟，主光源效果如图10.8所示。

图10.8　主光源效果

2．辅助光源：辅助光源是指在照明中起次要辅助作用的光源，辅助光源改善局部照明情况，但是对场景中照明情况不起主要决定作用。辅助光源附属于主要光源，因此在设置的时候在主要光源之后。辅助光源包括壁灯、台灯、筒灯及室内补光，主要利用目标点光源、和泛光灯等模拟。辅助光源效果，如图10.9所示。

3．背景光：背景光是指照亮背景，突出主体的光源，背景光并不是所有的场景都需要设置，如果没有背景，背景光也就没有设置的必要了。

图10.9　辅光源效果

10.4 摄影机的设置

摄影机从特定的观察点表现场景。摄影机对象模拟现实世界中的静止图像、运动图片或视频摄影机。

另外，如果场景已经包含有一个摄影机并且该摄影机也已选定，则"从视图创建摄影机"不会从该视图创建新摄影机。取而代之的是，它只是将选定的摄影机与活动的透视视口相匹配。该功能源自"匹配摄影机到视图"命令，它现在仅可作为可指定的主用户界面快捷键使用。

3ds Max会创建一个新摄影机，并将其视图与透视视口的视图相匹配，然后切换透视视口至摄影机视口，显示来自新摄影机的视图。

当创建摄影机时，目标摄影机沿着放置的目标图标"查看"区域。目标摄影机比自由摄影机更容易定向，因为只须将目标对象定位在所需位置的中心。

可以设置目标摄影机及其目标的动画来创建有趣的效果。要沿着路径设置目标和摄影机的动画，最好将它们链接到虚拟对象上，然后设置虚拟对象的动画。

在摄影机视口中，FOV按钮可以交互调整视野。摄影机视口"透视"按钮也更改FOV和推位摄影机，只有FOV值与摄影机一起保存。焦距值是表示和选择FOV的另一种方法。对于摄影机来说，与摄影机的距离比"远"距更远的对象不可见，并且不进行渲染。

可以设置靠近摄影机的"近"端剪切平面，以便它不排除任何几何体，并仍然使用"远"平面来排除对象。同样，可以设置距离摄影机足够远的"远端"剪切平面，以便它不排除任何几何体，并仍然使用"近"平面来排除对象。

摄影机参数卷展栏，如图10.10所示。

图10.10 摄影机参数卷展栏

镜头：以"毫米"为单位设置摄影机的焦距。使用"镜头"微调器来指定焦距值，而不是指定在"备用镜头"组框中按钮上的预设"备用"值。

在【渲染场景】对话框中更改"光圈宽度"值后，也可以更改"镜头"微调器字段中的值。这样并不通过摄影机更改视图，但将更改"镜头"值和FOV值之间的关系，也将更改摄影机锥形光线的纵横比。

FOV方向弹出按钮：可以选择怎样应用视野（FOV）值：

▣（水平）：水平应用视野，这是设置和测量FOV的标准方法（默认设置）。

▣（垂直）：垂直应用视野。

▣（对角线）：在对角线上应用视野，从视口的一角到另一角。

视野：决定摄影机查看区域的宽度（视野）。当"视野方向"为水平（默认设置）时，视野参数直接设置摄影机的地平线弧形，以"度"为单位进行测量。也可以设置"视野方向"来垂直或沿对角线测量FOV。

正交投影：启用此选项后，摄影机视图看起来就像"用户"视图；禁用此选项后，摄影机视图好像标准的透视视图。当"正交投影"有效时，视口导航按钮的行为如同平常操作一样，"透视"除外。"透视"功能仍然移动摄影机并且更改FOV，但"正交投影"取消执行这两个操作，以便禁用"正交投影"后可以看到所做的更改。

备用镜头组：这些预设值设置摄影机的焦距（以"毫米"为单位）。

类型：将摄影机类型从目标摄影机更改为自由摄影机，反之亦然。

显示圆锥体：显示摄影机视野定义的锥形光线（实际上是一个四棱锥）。锥形光线出现在其他视口，但是不出现在摄影机视口中。

显示地平线：显示地平线。在摄影机视口中的地平线层级显示一条深灰色的线条。

近距范围和远距范围：确定在【环境】面板上设置大气效果的近距范围和远距范围限制。在两个限制之间的对象消失在远端百分比和近端百分比值之间。

显示：显示在摄影机锥形光线内的矩形，以显示"近"距范围和"远"距范围的设置。

剪切平面组：设置选项来定义剪切平面。在视口中，剪切平面在摄影机锥形光线内显示为红色的矩形（带有对角线）。

多过程效果组：使用这些控件可以指定摄影机的景深或运动模糊效果。当由摄影机生成时，通过使用偏移以多个通道渲染场景，这些效果将生成模糊。它们会增加渲染时间。

10.5 摄影机特效

摄影机可以生成景深效果。景深是多重过滤效果，可以为摄影机在"参数"卷展栏中将其启用。通过模糊到摄影机焦点（也就是说，其目标或目标距离）某种距离处的帧的区域，景深模拟摄影机的景深。摄影机景深特效表现在【多过程效果】中，如图10.11所示。

图10.11　多过程效果

通过景深设置可以得到效果图"近实远虚"的特殊效果，在相机的参数面板中【景深参数】卷展栏调整着景深参数，如图10.12所示。

图10.12　参数设置

使用目标距离：启用该选项后，将摄影机的目标距离用作每过程偏移摄影机的点；禁用该选项后，使用"焦点深度"值偏移摄影机。默认设置为启用。

焦点深度：当"使用目标距离"处于禁用状态时，设置距离偏移摄影机的深度。范围为0.0～100.0，其中0.0为摄影机的位置并且100.0是极限距离。默认设置为100.0。

显示过程：启用此选项后，渲染帧窗口显示多个渲染通道；禁用此选项后，该帧窗口只显示最终结果。此控件对于在摄影机视口中预览景深无效。默认设置为启用。

使用初始位置：启用此选项后，第一个渲染过程位于摄影机的初始位置；禁用此选项后，与所有随后的过程一样偏移第一个渲染过程。默认设置为启用。

过程总数：用于生成效果的过程数。增加此值可以增加效果的精确性，但却以渲染时间为代价。默认设置为12。

采样半径：通过移动场景生成模糊的半径。增加该值将增加整体模糊效果。减小该值将减少模糊。默认设置为1.0。

采样偏移：模糊靠近或远离"采样半径"的权重。增加该值将增加景深模糊的数量级，提供更均匀的效果。减小该值将减小数量级，提供更随机的效果。范围可以从0.0～1.0。默认值为0.5。

规格化权重：使用随机权重混合的过程可以避免出现诸如条纹这些人工效果。当启用"规格化权重"后，将权重规格化，会获得较平滑的结果；当禁用此选项后，效果会变得清晰一些，但通常颗粒状效果更明显。默认设置为启用。

抖动强度：控制应用于渲染通道的抖动程度。增加此值会增加抖动量，并且生成颗粒状效果，尤其在对象的边缘上。默认值为0.4。

平铺大小：设置抖动时图案的大小。此值是一个百分比，0是最小的平铺，100是最大的平铺。默认设置为32。

禁用过滤：启用此选项后，禁用过滤过程。默认设置为禁用状态。

禁用抗锯齿：启用此选项后，禁用抗锯齿。默认设置为禁用状态。

使用景深的图像效果，如图10.13所示。

使用景深前的效果　　　　　　　　　　使用景深后的效果

图10.13　使用景深的前后效果

10.6 本课小结

本课介绍了灯光类型及基本的使用原则，和3ds Max中相机的使用及特效。通过本课的介绍使读者对灯光和摄影机有了初步了解。

第11课
效果图的渲染

制作建筑效果图的最终目的是得到静态效果图，这需要渲染才能完成。渲染是指根据所指定的材质、场景的布光、计算明暗程度和阴影，以及背景与大气等环境的设置，将场景中创建的几何体实体化显示出来。通过Render Setup（渲染场景）对话框可以对场景进行渲染并保存到相应的文件中。

本课内容：

- 渲染的概念
- 渲染器的使用
- 高级光能的使用
- 渲染元素

11.1 渲染的概念

渲染，英文为Render，也有的把它称为"着色"，但人们更习惯把Shade称为"着色"，把Render称为"渲染"。因为Render和Shade两个词在三维软件中是截然不同的两个概念，虽然它们的功能很相似，但却有不同。Shade是一种显示方案，一般出现在三维软件的主要窗口中，与三维模型的线框图一样起到辅助观察模型的作用。很明显，着色模式比线框模式更容易让用户理解模型的结构，但它只是简单地显示而已，数字图像中把它称为"明暗着色法"。在像Maya这样的高级三维软件中，还可以用Shade显示出简单的灯光效果、阴影效果和表面纹理效果，当然，高质量的着色效果是需要专业三维图形显示卡来支持的，它可以加速和优化三维图形的显示。但无论怎样优化，它都无法把显示出来的三维图形变成高质量的图像，这是因为Shade采用的是一种实时显示技术，硬件的速度限制它无法实时地反馈出场景中的反射、折射等光线追踪效果。而现实工作中用户往往要把模型或场景输出成图像文件、视频信号或电影胶片，这就必须经过Render程序。渲染表现手法，如图11.1所示。

图11.1 渲染表现

11.2 渲染器的使用

在3ds Max中提供了【默认渲染器】、【Mental Ray渲染器】和【VUE文件渲染器】三种自带渲染器，根据渲染图像的要求，选择合适的渲染器，每种渲染器都有其各自的特点，下面分别介绍这三种渲染器的参数命令。

11.2.1 默认渲染器

在效果图制作中，如果不需要特定渲染器，一般就使用默认渲染器。"扫描线渲染器"是默认的渲染器。默认情况下，从"渲染设置"对话框或Video Post渲染场景时，可以使用扫描线渲染器。"材质编辑器"也可以使用扫描线渲染器显示各种材质和贴图。扫描线渲染器生成的图像显示在"渲染帧"窗口。该窗口是一个包含自身控件的独立窗口。

顾名思义，扫描线渲染器可以将场景渲染成一系列的水平线。另外，3ds Max提供了一种交互式视口渲染器，便于快速、轻松地渲染所处的场景。用户还可以将已经安装的其他插件或第三方渲染器与3ds Max结合使用。

默认的渲染器面板包含一个卷展栏，如图11.2所示。

11.2 默认的渲染器卷展栏

贴图：禁用该选项可忽略所有贴图信息，从而加速测试渲染。自动影响反射和环境贴图，同时也影响材质贴图。默认设置为启用。

阴影：禁用该选项后，不渲染投影阴影，这可以加速测试渲染。默认设置为启用。

自动反射/折射和镜像：忽略自动反射/折射贴图以加速测试渲染。

强制线框：像线框一样设置为渲染场景中所有曲面。可以选择线框厚度，默认值为1。

启用SSE：启用该选项后，渲染使用"流SIMD扩展"（SSE）（SIMD代表"单指令、多数据"）。取决于系统的CPU，SSE可以缩短渲染时间。默认设置为禁用状态。

抗锯齿：抗锯齿可以平滑渲染时产生的对角线或弯曲线条的锯齿状边缘，只有在渲染测试图像并且较快的速度比图像质量更重要时，才禁用该选项。

过滤器：选择高质量的、基于表的过滤器，将其应用到渲染上。过滤是抗锯齿的最后一步操作。它们在子像素层级起作用，并允许用户根据所选择的过滤器来清晰或柔化最终输出。在该组的这些控件下面，3ds Max通过一个方框显示过滤器的简要说明，以及显示如何将过滤器应用到图像上。过滤器下拉列表，如图11.3所示。

过滤贴图：启用或禁用对贴图材质的过滤，默认设置为启用。

图11.3　过滤器选项

过滤器大小：可以增加或减小应用到图像中的模糊量。只有当从下拉列表中选择"柔化"过滤器时，该选项才可用。当选择任何其他过滤器时，该微调器不可用。

禁用所有采样器：禁用所有超级采样，默认设置为禁用状态。

启用全局超级采样器：启用该选项后，对所有的材质应用相同的超级采样器；禁用该选项后，将材质设置为使用全局设置，该全局设置由渲染对话框中的设置控制。除了"禁用所有采样器"控件，渲染对话框的"全局超级采样"组中的所有控件都将无效。默认设置为启用。

超级采样贴图：启用或禁用对贴图材质的超级采样，默认设置为启用。

应用：为整个场景全局启用或禁用对象运动模糊，任何设置"对象运动模糊"属性的对象都将用运动模糊进行渲染。

持续时间：确定"虚拟快门"打开的时间。设置为1.0时，虚拟快门在这一帧和下一帧之间的整个持续时间保持打开，较长的值产生更为夸张的效果。

采样数：确定采样的"持续时间细分"副本数，最大值设置为32。

持续时间细分：确定在持续时间内渲染的每个对象副本的数量。

透明度：启用该选项后，图像运动模糊对重叠的透明对象起作用，在透明对象上应用图像运动模糊会增加渲染时间。默认设置为禁用状态。

应用于环境贴图：设置该选项后，图像运动模糊既可以应用于环境贴图，也可以应用于场景中的对象。当摄影机环游时效果非常显著。环境贴图应当使用"环境"进行贴图：球形、圆柱形或收缩包裹。图像运动模糊不能与屏幕贴图环境一起使用。

渲染迭代次数：设置对象间在非平面自动反射贴图上的反射次数，虽然增加该值有时可以改善图像质量，但是这样做也将增加反射的渲染时间。

钳制：要保持所有颜色分量均在"钳制"范围内，则需要将任何大于1的颜色值更改为1，而将任何小于0的颜色更改为0。任何介于0和1之间的值不做任何更改。使用"钳制"时，因为在处理过程中色调信息会丢失，所以非常亮的颜色渲染为白色。

缩放：要保持所有颜色分量均在"缩放"范围内，则需要通过缩放所有三个颜色分量来保留非常亮的颜色色调，这样最大分量的值就会为1。注意，这样将更改高光的外观。

节省内存：启用该选项后，渲染使用更少的内存但会增加一点内存时间。可以节约15%～20%的内存，而时间大约增加4%。默认设置为禁用状态。

11.2.2 Mental Ray渲染器

Mental Ray渲染器是渲染里的"大哥"级渲染器，一直以来是Softimage早期在SGI平台上是中高端商业渲染器，价格也非常昂贵，是最富盛名的两个经典渲染器之一，在很多好莱坞的电影中都使用过这个渲染器进行特技制作。为了解决长期以来3ds Max的渲染问题，Autodesk公司的多媒体分部Discreet公司与德国著名的渲染器公司Mental Images签订了长期的许可合作发展协议。Discreet公司和Mental Images公司共同为3D Studio MAX发展解决方案，在R3版本上开发出了集成在3ds Max中的与Mental Ray渲染器连接的connection插件，这个插件大大加强了3ds Max的渲染功能，使3ds Max的渲染质量达到了一流的水准。

Mental Ray渲染器可以生成灯光效果的物理校正模拟，包括光线跟踪反射和折射、焦散和全局照明。与默认3ds Max扫描线渲染器相比，Mental Ray渲染器能够自动生成漫反射光。Mental Ray渲染器为使用多处理器进行了优化，并为动画的高效渲染而利用增量变化。Mental Ray渲染器面板包含了五个卷展栏，如图11.4所示。

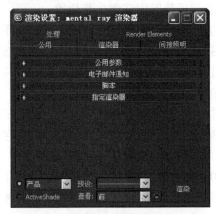

图11.4 Mental Ray渲染器面板

1.【采样质量】卷展栏
该卷展栏上的控件会影响Mental Ray渲染器为抗锯齿渲染图像执行采样的方式，如图11.5所示。

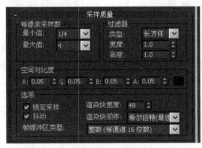

图11.5 【采样质量】卷展栏

最小值：设置最小采样率。此值代表每像素采样数。大于等于1的值代表对每个像素进行一次或多次采样。分数值代表对N个像素进行一次采样。

最大值：设置最大采样率。如果邻近的采样通过对比度加以区分，而这些对比度已经超出对比度限制，则包含这些对比度的区域将通过"最大值"被细分为指定的深度。

类型：确定如何将多个采样合并成一个单个的像素值。可以设置为长方体、高斯、三角形、Mitchell或Lanczos过滤器。默认设置为长方体。

宽度/高度：指定过滤区域的大小。增加"宽度"和"高度"值可以使图像柔和，但是却会增加渲染时间。

空间对比度：此控件设置对比度作为控制采样的阈值。空间对比度应用于每一个静态图像。

锁定采样：启用此选项后，Mental Ray渲染器对于动画的每一帧使用同样的采样模式；禁用此选项后，Mental Ray渲染器在帧与帧之间的采样模式中引入了拟随机（Monte Carlo）变量。

渲染块宽度：确定每个渲染块的大小（以"像素"为单位）。范围为4～512像素，默认值为48像素。

为了渲染场景，Mental Ray渲染器将图像细分成矩形横截面或"渲染块"。使用较小的渲染块会在渲染时，生成更多的更新图像。更新图像消耗一定数量的CPU周期。对于一个一般复杂的场景，小的渲染块将增加渲染时间，而大的渲染块节约渲染时间。对于复杂的场景，正好相反。

抖动：在采样位置引入一个变量。如果打开"抖动"功能，可以避免出现锯齿问题。

渲染块顺序：允许用户指定Mental Ray选择下一个渲染块的方法。如果使用占位符或分布式渲染，则使用默认的希尔伯特顺序。另外，用户还可以基于查看显示在渲染帧窗口中渲染图像的方式选择一种方法。

帧缓冲区类型：允许用户选择输出帧缓冲区的位深。

2.【渲染算法】卷展栏

该卷展栏用于选择使用光线跟踪进行渲染，还是使用扫描线渲染进行渲染，或者两者都使用。也可以选择用来加速光线跟踪的方法，如图11.6所示。

跟踪深度控制每条光线被反射、折射或同时以两种方式处理的次数。

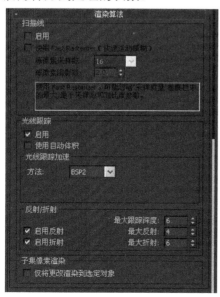

图11.6　【渲染算法】卷展栏

启用：启用该选项后，渲染器可以使用扫描线渲染；禁用该选项后，渲染器只可以使用光线跟踪方法。扫描线渲染比光线跟踪速度块，但不会生成反射、折射、阴影、景深或间接照明。默认设置为启用。

使用Fast Rasterizer：启用此选项后，使用Fast Rasterizer方法首先生成要跟踪的光线，这可以提高渲染速度。默认设置为禁用状态。该选项与对象运动模糊，以及没有运动模糊的场景一起使用效果很好。

每像素采样数：控制Fast Rasterizer方法所使用的每像素采样数，采样数越多就越平滑，但渲染时间也会越长。范围为1～225，默认值为16。

每像素阴影数：控制每像素阴影的近似数。值越大，渲染越精确，渲染时间也越多。范围为0.1～10000，默认值为2.0。

使用自动体积：启用该选项后，使用Mental Ray自动体积模式。允许用户渲染嵌套体积或重叠体积，如两个聚光灯光束的交集。自动体积也允许摄影机穿越嵌套体积或重叠体积。

方法：该下拉列表可以设置用于光线跟踪加速的算法。其中的其他控件会根据所选的加速方法进行改变。

启用反射：启用时，Mental Ray会跟踪反射。不需要反射时，禁用该选项可提高性能。

启用折射：启用时，Mental Ray会跟踪折射。不需要折射时，禁用该选项可提高性能。

最大跟踪深度：限制反射和折射的组合。在反射和折射的总数达到最大跟踪深度时，光线的跟踪就会停止。例如，如果最大跟踪深度设置为3，且两个跟踪深度同时设置为2，则光线可以被反射两次并折射一次，反之亦然，但是光线无法发射和折射四次。

最大反射：设置光线可以反射的次数。0表示不会发生反射；1表示光线只可以反射一次；2表示光线可以反射两次，以此类推。

最大折射：设置光线可以折射的次数。

0表示不发生折射；1表示光线只可以折射一次；2表示光线可以折射两次，以此类推。

仅将更改渲染到选定对象：启用时，渲染场景只会应用到选定的对象。但是，与使用选定选项进行渲染不同，使用该选项会考虑到影响其外观的所有场景因素。其中包括阴影、反射、直接和间接照明等。同时，与使用背景颜色替换渲染帧窗口整个内容（除选定对象之外）的选定选项不同，该选项只替换重新渲染的选定对象使用的像素。

3．【摄影机效果】卷展栏

该卷展栏中的控件用来控制摄影机效果，使用Mental Ray渲染器设置景深和运动模糊，以及轮廓着色并添加摄影机明暗器。如图11.7所示。

模糊所有对象：不考虑对象属性设置，将运动模糊应用于所有对象。默认设置为启用。

快门持续时间（帧）：模拟摄影机的快门速度。0.0表示没有运动模糊，该快门持续时间值越大，模糊效果越强。默认设置是0.5。

图11.7 【摄影机效果】卷展栏

快门偏移（帧）：设置相对于当前帧运动模糊效果的开头。默认值为0.0，居中当前帧的模糊实现照片真实级效果。默认值为−0.25。

运动分段：设置用于计算运动模糊的分段数目，该控件针对动画。如果运动模糊要出现在对象真实运动的切线方向上，则增加"运动分段"值。值越大，运动模糊越精

确，渲染时间也越长。默认值为1。

时间采样：当场景使用运动模糊时，控制每个时间间隔期间对材质着色的次数（通过快门持续时间进行设置）。范围为0～100，默认设置为5。

轮廓组：这些控件用于启用轮廓，并使用明暗器调整轮廓明暗器的结果。

镜头：可指定镜头明暗器。

输出：可指定摄影机输出明暗器。

体积：可将一个体积明暗器指定给摄影机。

焦平面：对于"透视"视口，以3ds Max单位设置离开摄影机的距离，在这个距离场景能够完全聚焦。默认设置为100.0。对于"摄影机"视口，焦平面由摄影机的目标距离设置。

f制光圈：当f制光圈为活动的方法时，设置f制光圈以在渲染"透视"视图时使用。增加制光圈值使景深变宽，减小制光圈值使景深变窄。默认设置为1.0。

近和远：焦点对准范围为活动的方法时，这些值以3ds Max单位设置范围，在此范围内对象可以聚焦。小于"近"值和大于"远"值的对象不能聚焦。这些值是近似的，因为从聚焦到失去焦点的变换是渐变的，而不是突变的。

4．【阴影与置换】卷展栏

此卷展栏上的控件影响阴影和置换。如图11.8所示。

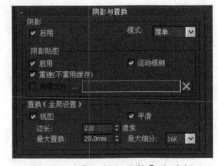

图11.8 【阴影与置换】卷展栏

模式：阴影模式可以为"简单"、"排序"或"分段"。

运动模糊：启用此选项之后，Mental Ray渲染器将向阴影贴图应用运动模糊。

重建：启用之后，渲染器将重新计算的阴影贴图（.zt）文件保存到通过"浏览"按钮指定的文件中。

使用文件：启用此选项之后，Mental Ray渲染器要么将阴影贴图保存为ZT文件，要么加载现有文件。"重建"的状态决定是保存还是加载ZT文件。

视图：定义置换的空间。启用"视图"之后，"边长"将以"像素"为单位指定长度；如果禁用此选项，将以世界空间单位指定"边长"。默认设置为启用。

平滑：禁用该选项以使Mental Ray渲染器正确渲染高度贴图。高度贴图可以由法线贴图生成。

边长：定义由于细分可能生成的最小边长。只要边达到此长度，Mental Ray渲染器会停止对其进行细分。默认设置为2.0像素。

最大置换：控制在置换顶点时向其指定的最大偏移，采用世界单位，该值可以影响对象的边界框。默认值为20.0。

最大细分：控制Mental Ray可以对要置换的每个原始网格三角形进行递归细分的范围。每项细分递归操作可以将单个面分成四个较小的面。从下拉列表中选择相应的值。范围为4～64K（65,536），默认值为16K（16,384）。

11.2.3 VUE 文件渲染器

使用"VUE 文件渲染器"可以创建VUE（.vue）文件，VUE文件使用可编辑ASCII格式。其渲染卷展栏，如图11.9所示。

（浏览）：可打开文件选择器对话框，并指定要创建VUE文件的名称。

图11.9　【VUE文件渲染】卷展栏

11.3 高级光能的使用

高级光能是一种能够模拟真实光线在场景中相互作用，并不断反射的全局照明渲染技术。它主要包括光线跟踪和光能传递。单击工具栏中（渲染设置）按钮，打开【高级照明】窗口，在【选择高级照明】卷展栏中可以打开光线跟踪和光能传递卷展栏，如图11.10所示。

图11.10　【选择高级照明】卷展栏

11.3.1 光线跟踪

光线跟踪能够为明亮场景提供柔和边缘的阴影和颜色，主要用于室外场景中。选择照明插件下拉列表中的【光跟踪器】选项，打开光线跟踪的参数卷展栏，如图11.11所示。

图11.11　光跟踪器

常规设置： 这组参数主要用于控制亮度、颜色等基本属性。

全局倍增： 控制总体照明级别，默认设置为1.0。

对象倍增： 控制由场景中对象反射的照明级别。默认设置为1.0。

天光： 启用该选项后，启用从场景中天光的重聚集（一个场景可以含有多个天光）。默认设置为启用。

颜色溢出： 控制颜色溢出强度。当灯光在场景对象间相互反射时，颜色溢出发生作用，例如一个红色物体附近的物体也会带有部分红色。默认设置为1.0。

光线/采样数： 每个采样（或像素）投射的光线数目。增大该值可以增加效果的平滑度，但同时也会增加渲染时间。减小该值会导致颗粒状效果更明显，但是渲染可以进行得更快。默认设置为250。

颜色过滤器： 过滤投射在对象上的所有灯光。设置为除白色外的其他颜色以丰富整体色彩效果。默认设置为白色。

过滤器大小： 用于减少效果中噪波的过滤器大小（以"像素"为单位）。默认值为0.5。

附加环境光： 当设置为除黑色外的其他颜色时，可以在对象上添加该颜色作为附加环境光。默认设置为黑色。

光线偏移： 与对阴影的光线跟踪偏移一样，"光线偏移"可以调整反射光效果的位置。使用该选项更正渲染的不真实效果，例如，对象投射阴影到自身所可能产生的条纹。默认值为0.03。

反弹： 被跟踪的光线反弹数。增大该值可以增加颜色溢出量。值越小，快速结果越不精确，并且通常会产生较暗的图像。较大的值允许更多的光在场景中流动，这会产生更亮、更精确的图像，但同时也将使用较多渲染时间。默认设置为0。

锥体角度： 控制用于重聚集的角度。减小该值会使对比度稍微升高，尤其在有许多小几何体向较大结构上投射阴影的区域中更明显。范围为33.0～90.0，默认值为88.0。

体积： 启用该选项后，"光跟踪器"从体积照明效果（如体积光和体积雾）中重聚集灯光。默认设置为启用。对使用光跟踪的体积照明，反弹值需要大于0。

自适应欠采样： 启用该选项后，光跟踪器使用欠采样；禁用该选项后，则对每个像素进行采样。禁用欠采样可以增加最终渲染的细节，但是同时也将增加渲染时间。默认设置为启用。自适应欠采样控件可以帮助用户减少渲染时间，并且减少所采用的灯光采样数。欠采样的理想设置根据场景的不同而不同。

初始采样间距： 图像初始采样的栅格间距，以"像素"为单位进行衡量。默认设置为16×16。

细分对比度： 确定区域是否应进一步细分的对比度阈值。增加该值将减少细分，该值过小会导致不必要的细分，默认值为5.0。

向下细分至： 细分的最小间距。增加该值可以缩短渲染时间，但是以精确度为代价。默认值为1×1。

显示采样： 启用该选项后，采样位置渲染为红色圆点。该选项显示发生最多采样的位置，这可以帮助用户选择欠采样的最佳设置。默认设置为禁用状态。

一般灯光效果　　　　　　　　光线跟踪照明效果

11.12　光线跟踪照明效果

11.3.2 光能传递

光能传递是用于计算间接光的技术，尤其是在场景中所有表面间漫反射光的来回反射。要进行这类计算，光能传递要考虑所设置的灯光、所应用的材质及所设置的环境设置。

对场景进行光能传递处理与渲染进程截然不同。无须采用光能传递也可以进行渲染。然而，要使用光能传递进行渲染，始终首先必须计算光能传递。

场景的光能传递解决方案计算完毕后，可以在多个渲染中使用，包括动画的多个帧。如果场景中存在移动的对象，则可能需要重新计算光能传递。

在照明插件的下拉列表中选择Radiosity选项，此时系统弹出"更改高级照明插件"对话框，建议使用曝光控制，如图11.13所示。

图11.13 提示对话框

单击提示对话框中的 是(Y) 按钮，可以打开光能传递参数面板，包括5个卷展栏，如图11.14所示。

图11.14 光能传递参数面板

【光能传递处理参数】卷展栏，如图11.15所示。

全部重置：单击"开始"按钮后，将3ds Max场景的副本加载到光能传递引擎中。单击"全部重置"按钮，从引擎中清除所有的几何体。

重置：从光能传递引擎清除灯光级别，但不清除几何体。

图11.15 【光能传递处理参数】卷展栏

开始：开始光能传递处理。一旦光能传递解决方案达到"初始质量"所指定的百分比数量，此按钮就会变成"继续"。

停止：停止光能传递处理。"开始"按钮将变成"继续"。可以在之后单击"继续"以继续进行光能传递处理，如在描述"开始"按钮时一样。

初始质量：设置停止"初始质量"阶段的质量百分比，最高到100%。例如，如果指定为80%，将会得到一个能量分布精确度为80%的光能传递解决方案。目标的初始质量设为80%～85%通常就足够了，它可以得到比较好的效果。

优化迭代次数（所有对象）：设置"优化"迭代次数的数目以作为一个整体来为场景执行。"优化迭代次数"阶段将增加场景中所有对象上的光能传递处理的质量。使用"初始质量"阶段其他的处理来从每个面上聚集能量以减少面之间的变化。这个阶段并不会增加场景的亮度，但是它将提高解决方案的视觉质量并显著减少曲面之间的变化。如果在处理了一定数量的"优化迭代次数"后没有达到可接受的结果，可以增加"细化迭代次数"的数量并继续进行处理。

优化迭代次数（选定对象）：设置"优细化"迭代次数的数目来为选定对象执行，所使用的方法和"优化迭代次数（所有对象）"的相同。选定对象并设置所需的迭代次数。细化选定的对象而不是整个场景能够节省大量的处理时间。通常，对于那些有着大量的小曲面并且有大量变化的对象来说，该选项非常有用，诸如栏杆、椅子或者高度细分的墙。

处理对象中存储的优化迭代次数：每个对象都有一个叫做"优化迭代次数"的光能传递属性。每当细分选定对象时，与这些对象一起存储的步骤数就会增加。

如果需要，在开始时更新数据：启用此选项之后，如果解决方案无效，则必须重置光能传递引擎，然后再重新计算。在这种情况下，将更改"开始"菜单，以阅读"更新与开始"。当按下该按钮时，将重置光能传递解决方案，然后再开始进行计算。

间接灯光过滤：用周围的元素平均化间接照明级别以减少曲面元素之间的噪波数量。通常，值设为3或4已足够。如果使用太高的值，则可能会在场景中丢失详细信息。因为"间接灯光过滤"是交互式的，可以根据自己的需要对结果进行评估，然后再对其进行调整。

直接灯光过滤：用周围的元素平均化直接照明级别以减少曲面元素之间的噪波数量。通常，值设为3或4已足够。如果使用太高的值，则可能会在场景中丢失详细信息。然而，因为"直接灯光过滤"是交互式的，可以根据自己的需要对结果进行评估，然后再对其进行调整。

未选择曝光控制：显示当前曝光控制的名称。

在视口中显示光能传递：在光能传递和标准3ds Max着色之间切换视口中的显示。可以禁用光能传递着色，以增加显示性能。

【光能传递网格参数】卷展栏，如图11.16所示。

启用：用于启用整个场景的光能传递网格。当要执行快速测试时，禁用网格。

使用自适应细分：启用和禁用自适应细分。默认设置为启用。

最大网格大小：自适应细分之后最大面

的大小。对于英制单位，默认值为36英寸；对于公制单位，默认值为1000mm。

图11.16　【光能传递网格参数】卷展栏

最小网格大小：不能将面细分使其小于最小网格大小。对于英制单位，默认值为3英寸；对于公制单位，默认值为100mm。

对比度阈值：细分具有顶点照明的面，顶点照明因多个对比度阈值设置而异。默认设置为75.0。

初始网格大小：改进面图形之后，不细分小于初始网格大小的面。用于决定面是否是不佳图形的阈值，当面大小接近初始网格大小时还将变得更大。对于美国标准单位，默认值为12英寸（1英尺）；对于公制单位，默认值为30.5厘米

投射直接光：启用自适应细分或投影直射光之后，根据以下开关来解析计算场景中所有对象上的直射光。照明是解析计算的，并不用修改对象的网格，这样可以产生噪波较少且视觉效果更舒适的照明。既然有要求，使用自适应细分时隐性启用该开关。默认设置为启用。

在细分中包括点灯光：控制投影直射光时是否使用点灯光。如果关闭该开关，则在直接计算的顶点照明中不包括点灯光。默认设置为启用。

在细分中包括线性灯光：控制投影直射光时是否使用线性灯光。如果关闭该开关，则在计算的顶点照明中不使用线性灯光。默认设置为启用。

在细分中包括区域灯光：控制投影直射光时是否使用区域灯光。如果关闭该开关，

则在直接计算的顶点照明中不使用区域灯光。默认设置为启用。

包括天光：启用该选项后，投影直射光时使用天光。如果关闭该开关，则在直接计算的顶点照明中不使用天光。默认设置为禁用状态。

在细分中包括自发射面：该开关控制投影直射光时如何使用自发射面。如果关闭该开关，则在直接计算的顶点照明中不使用自发射面。默认设置为禁用状态。

最小自发射大小：这是计算其照明时用来细分自发射面的最小尺寸。使用最小尺寸而不是采样数目以使较大面的采样数多于较小面。默认设置为6.0。

【灯光绘制】卷展栏，如图11.17所示。

图11.17 【灯光绘制】卷展栏

强度：以"勒克斯"或"坎德拉"为单位指定照明的强度，具体情况取决于用户在"自定义"/"单位设置"对话框中选择的单位。

压力：当添加或移除照明时，指定要使用的采样能量百分比。

（添加照明）：从选定对象的顶点开始添加照明。3ds Max基于压力微调器中的数量添加照明。压力数量与采样能量的百分比相对应。例如，如果墙上具有约2000勒克斯，使用"添加照明"将200勒克斯添加到选定对象的曲面中。

（移除照明）：从选定对象的顶点开始移除照明。3ds Max基于压力微调器中的数量移除照明。压力数量与采样能量的百分比相对应。例如，如果墙上具有约2000勒克斯，使用"移除照明"从选定对象的曲面中移除200勒克斯。

（拾取照明）：对所选曲面的照明数进行采样。要保存无意标记的照亮或黑点，可以使用"拾取照明"将照明数用做与用户

采样相关的曲面照明。单击按钮，然后将滴管光标移动到曲面上。当单击曲面时，以"勒克斯"或"坎德拉"为单位的照明数在强度微调器中反映。例如，如果使用"拾取照明"在具有能量为6勒克斯的墙上执行操作时，则0.6勒克斯将显示在强度微调器中。3ds Max在曲面上添加或移除的照明数是压力值乘以此值的结果。

（清除）：清除所做的所有更改。通过处理附加的光能传递迭代次数或更改过滤数也会丢弃使用灯光绘制工具对解决方案所做的任何更改。

【渲染参数】卷展栏，如图11.18所示。

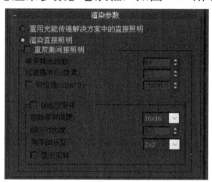

图11.18 【渲染参数】卷展栏

重用光能传递解决方案中的直接照明：3ds Max并不渲染直接灯光，但却使用保存在光能传递解决方案中的直接照明。如果启用该选项，则会禁用"重聚集间接照明"选项。场景中阴影的质量取决于网格的分辨率。捕获精细的阴影细节可能需要细的网格，但在某些情况下该选项可以缩短总的渲染时间，特别是对于动画，因为光线并不一定需要由扫描线渲染器进行计算。

渲染直接照明：3ds Max在每一个渲染帧上对灯光的阴影进行渲染，然后添加来自光能传递解决方案的阴影。这是默认的渲染模式。

重聚集间接照明：除了计算所有的直接照明之外，3ds Max还可以重新聚集取自现有光能传递解决方案的照明数据，从而重新计算每个像素上的间接照明。使用该选项能够产生最为精确、极具真实感的图像，但是它会增加相当大的渲染时间量。

每采样光线数：每个采样3ds Max所投影的光线数。3ds Max随机地在所有方向投影这些光线以计算（重聚集）来自场景的间接照明。每采样光线数越多，采样就会越精确。每采样光线数越少，变化就会越多，就会创建更多颗粒的效果。处理速度和精确度受此值的影响，默认设置为64。

过滤器半径（像素）：将每个采样与它相邻的采样进行平均，以减少噪波效果。默认设置为2.5像素。

钳位值（cd/m^2）：该控件表示为亮度值。亮度（每平方米国际烛光）表示感知到的材质亮度。"钳位值"设置亮度的上限，它会在"重聚集"阶段被考虑。使用该选项以避免亮点的出现。

自适应采样：启用该选项后，光能传递解决方案将使用自适应采样；禁用该选项后，就不用自适应采样。禁用自适应采样可以增加最终渲染的细节，但是以渲染时间为代价。默认设置为禁用状态。

初始采样间距：图像初始采样的网格间距。以"像素"为单位进行衡量，默认设置为16×16。

细分对比度：确定区域是否应进一步细分的对比度阈值。增加该值将减少细分，减小该值可能导致不必要的细分。默认值为5.0。

向下细分至：细分的最小间距。增加该值可以缩短渲染时间，但是以精确度为代价。默认设置为2×2。

显示采样：启用该选项后，采样位置渲染为红色圆点。该选项显示发生最多采样的位置，可以帮助用户选择自适应采样的最佳设置。默认设置为禁用状态。

【统计数据】卷展栏列出有关光能传递处理的信息，如图11.19所示。

图11.19 【统计数据】卷展栏

通过更精确地模拟场景中的照明，光能传递能够比标准灯光提供更多优势。首先，改善图像质量，3ds Max的光能传递技术在场景中生成更精确的照明光度学模拟。像间接照明、柔和阴影和曲面间的映色等效果可以生成自然、逼真的图像，而这样真实的图像是无法用标准扫描线渲染得到的。这些图像更好地展示了用户的设计在特定照明条件下的外观。其次更直观的照明，通过与光能传递技术相结合，3ds Max也提供了真实世界的照明接口。灯光强度不指定为任意值，而是使用光度学单位（流明、坎德拉等）来指定。而且，真实世界照明设备的特性可以通过使用行业标准的"发光强度分布文件"（倒如IES、CIBSE和LTLI）来定义，这些文件从大部分照明制造商那里都可以得到。通过使用真实世界的照明接口，可以直观地在场景中设置照明。用户可以将更多注意力集中在设计、浏览上，而不注意精确显示图像需要的计算机图形技术。

11.4 渲染元素

渲染到元素可以将渲染输出中各种类型的信息分割成单个图像文件。在使用某些图像处理、合成和特殊效果软件时，该功能非常有用。可用类型的渲染元素如下。

1. Alpha：通道或透明度的灰度表示。透明的像素呈现为白色（值为255），不透明的像素呈现为黑色（值为0），半透明的像素呈现为灰色。像素越暗，透明度越高。在合成元素的时候，alpha通道非常有用。

2．大气：渲染中的大气效果。

3．背景：场景的背景，其他元素不包括场景背景。如果要在合成中使用背景，可以包括此元素。不会修剪几何体的背景，因此，元素应在背景上进行合成。

4．混合：前面元素的自定义组合。"混合"元素显示其他"混合元素参数"卷展栏。

5．漫反射：渲染的漫反射组件。漫反射元素显示其他"漫反射纹理元素"卷展栏。

6．头发和毛发：由"头发和毛发"修改器创建渲染的组件。

7．照度HDR数据：生成一个包含32位浮动点数据的图像，该数据可用于分析照在与法线垂直的曲面上的灯光量。照度数据忽略材质特性，如反射比和透射比。

8．墨水：卡通材质的"墨水"组件（边界）。

9．高级照明：场景中直接和间接灯光以及阴影的效果。

10．亮度HDR数据：生成一个包含32位浮动点数据的图像，该数据在曲面材质"吸收"灯光之后，可用于分析曲面所接收的亮度。亮度数据考虑材质特性，如反射比和透射比。

11．材质ID：保留指定给对象的材质ID信息。此信息在用户对其他图像处理或特殊效果应用做出选择时非常有用，如Autodesk Combustion。例如，可以选择Combustion中具有给定材质ID的所有对象。材质ID与用户为具有材质ID通道的材质设置的值相对应。任何给定的材质ID始终用相同的颜色表示。特定材质ID和特定颜色之间的相关性在Combustion中相同。

12．无光：基于选定对象、材质ID通道（效果ID）或G缓冲区 ID渲染无光遮罩。

13．对象ID：保留指定给对象的对象ID信息。与材质ID很相似，对象ID信息用于选择其他图像处理或特殊效果应用中基于任意索引值的对象。如果知道之后用户要一次选择几个对象，则可以在3ds Max中为其指定所有相同对象ID。通过使用对象ID进行渲染，

此信息在其他应用中也可用。

【渲染元素】卷展栏，如图11.20所示。

图11.20　【渲染元素】卷展栏

Add ...（添加）：单击可将新元素添加到列表中。

Merge ...（合并）：单击可合并来自其他3ds Max场景中的渲染元素。"合并"操作会显示一个文件对话框，可以从中选择要获取元素的场景文件。选定文件中的渲染元素列表将添加到当前的列表中。

Delete（删除）：单击可从列表中删除选定对象。

激活元素：启用该选项后，单击"渲染"可分别对元素进行渲染。默认设置为启用。

显示元素：启用此选项后，每个渲染元素会显示在各自的窗口中，并且其中的每个窗口都是渲染帧窗口的精简版；禁用该选项后，元素仅渲染到文件。默认设置为启用。

启用：打开该选项可启用对选定元素的渲染。关闭该选项可禁用渲染。

启用过滤：启用该选项后，将活动抗锯齿过滤器应用于渲染元素；禁用该选项后，渲染元素将不使用抗锯齿过滤器。默认设置为启用。

名称：显示当前选定元素的名称，可以输入元素的自定义名称。

（浏览）：在文本框中输入元素的路径和文件名称。或者，单击███按钮以打开"渲染元素输出文件"对话框，在该对话框中可以为元素选择文件夹、文件名和文件类型。

在单击 █添加...█ 按钮后，弹出Render Elements "渲染元素"对话框，在此对话框中包含了所有可以添加的渲染元素，如图11.21所示。

图11.21　【渲染元素】对话框

11.5 课后练习 ○

1. 认识默认渲染器。
2. 认识VRay渲染器及设置渲染器。

第12课
VRay渲染器

在室内效果图的制作中要用到一些第三方开发的插件，其中最著名的就有V-Ray渲染器插件。本章主要介绍V-Ray渲染器的基本知识。V-Ray渲染器能够快速实现反射、折射、焦散效果，以及全局照明的效果，因此现在被广泛应用于室内表现、建筑表现、影视动画的制作中。

本课内容：

- VRay简介
- VRay的使用流程
- VRay物体
- VRay渲染器参数

12.1 VRay简介

VRay是由Chaosgroup和Asgvis公司出品，中国由曼恒公司负责推广的一款高质量渲染软件。V-Ray是目前业界最受欢迎的渲染引擎。基于V-Ray内核开发的有VRay for 3ds Max、Maya、Sketchup、Rhino等诸多版本，为不同领域的优秀3D建模软件提供了高质量的图片和动画渲染。除此之外，V-Ray也可以提供单独的渲染程序，方便使用者渲染各种图片。使用V-Ray渲染器渲染的效果图，如图12.1所示。

图12.1　V-Ray渲染器渲染场景

V-Ray渲染器不仅仅是一个单纯的渲染器，它是一个包括建模、灯光、材质和渲染的整体。同时V-Ray灯光、材质和渲染器与其他的灯光材质相互兼容，能够使用在同一个场景中。

V-Ray几何体通常用于辅助渲染，可以提高渲染速度。正确安装V-Ray渲染器插件后，在创建命令面板中可以看到V-Ray几何体，如图12.2所示。

图12.2　V-Ray几何体

V-Ray材质、贴图可以模拟任何材质效果。V-Ray材质、贴图配合V-Ray渲染器使用，在材质效果和渲染速度方面有很大的优势，特别是在模拟反射、折射材质时可以取得非常逼真的材质效果。将当前渲染器指定为V-Ray渲染器后，V-Ray材质、贴图可以在材质编辑器中找到并使用，如图12.3所示。

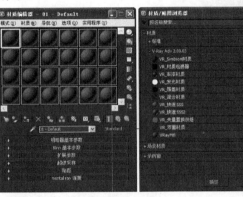

图12.3　V-Ray材质

V-Ray灯光包括了3个灯光工具，分别用于模拟平面光源、点光源和太阳光，如图12-4所示。V-Ray灯光与V-Ray渲染器配合使用也能取得较好的效果，特别是面光源，常用于室内效果图的制作中。

图12.4　V-Ray灯光

V-Ray渲染器凭借其强悍的计算全局光照的功能，能够实现照片级别的建筑效果图，并以此获得了众多的用户。总体说来，这个渲染器具有参数设置简单、支持的软件多、计算速度快等优势。

12.2 V-Ray的使用流程

使用V-Ray渲染器渲染场景，总体分为六步，首先要指定渲染器，然后调制模型的材质，设置场景灯光，再设置渲染器的渲染参数，之后渲染并保存光子图，最后进行最终的效果图渲染，下面具体介绍每一步的具体操作内容。

1. 指定渲染器

使用V-Ray渲染器，首先必须指定V-Ray渲染器为当前渲染器。按下键盘上的F10键，打开【渲染设置】窗口，在【公用】选项卡下，打开【指定渲染器】卷展栏，然后单击产品级后的■按钮，打开【选择渲染器】对话框，从中选择V-Ray渲染器，然后单击 确定 按钮，此时V-Ray渲染器成为当前渲染器，如图12.5所示。

12.5 指定V-Ray渲染器

将V-Ray渲染器指定为当前渲染器后，V-Ray渲染器的参数便出现在Render Setup（渲染设置）对话框中，如图12.6所示。

图12.6 V-Ray渲染器的参数

2. 调制材质

V-Ray材质在模拟反射、折射材质的效果时非常理想，例如玻璃、镜子、金属等，主要通过VRayMtl材质模拟完成，使用VRay材质效果，如图12.7所示。

图12.7 调制材质

3. 设置灯光

使用V-Ray渲染器后，灯光的设置就不必像默认渲染器那样复杂。开始布光时，从天光开始，然后逐步增加灯光，大体顺序为：天光——阳光——人工装饰光——补光。使用VRay灯光效果，如图12.8所示。

人工光
太阳光
补光

图12.8 效果图灯光分布

4. 设置渲染器参数

通过设置渲染器的参数，调整灯光的反射、折射和采样大小。渲染器参数设置一般分为两次，在初次设置完场景灯光后，将渲染器各参数设置小一些，渲染观察场景的渲染效果，在再次调整场景中的材质灯光后，最后将参数调大并确定，使渲染更精确、细致。

5. 渲染保存光子图

在设置完成渲染器参数后，在【VRay：发光贴图】卷展栏的【渲染结束时光子图处理】组下渲染并保存光子图，使用光子图可提高效果图的渲染效率。如图12.9所示。

图12.9　【渲染结束时光子图处理】组保存光子图

6. 正式渲染

在正式渲染时，调整设置渲染图像的尺寸，然后导入光子图文件渲染正式图。

12.3 V-Ray物体

在指定V-Ray渲染器后，在几何体的创建面板中出现V-Ray几何体，通常用于辅助渲染，可以提高渲染速度。

12.3.1　V-Ray代理

在近几年建筑表现中比较重大的突破应该是全场景渲染技术，该方法巧妙地运用了V-Ray的代理物体功能，将模型树或车转化为V-Ray的代理物体，如图12.10所示。

图12.10　V-Ray的代理物体

在VRay几何体面板中单击 VR_代理 按钮，【网格代理参数】卷展栏，如图12.11所示。

网格文件：选择打开网格文件。

显示：文件显示方式。

代理物体能让3ds Max系统在渲染时从

外部文件导入网格物体，这样可以在制作场景的工作中省去大量的内存；如果需要很多高精度的树或车的模型，并且不需要这些模型在视图中显示，那么就可以将它们导出为V-Ray代理物体，这样可以加快工作流程，最重要的是它能够渲染更多的多边形。

12.11　【网格代理参数】卷展栏

12.3.2　V-Ray毛发

V-Ray毛发是一个非常简单的毛发插件。毛发仅仅在渲染时产生，在场景处理时并不能实时观察效果。创建一个毛发对象选择3ds Max的任何一个几何物体，注意适应增加网格数，在创建面板中单击 VR_毛发 按钮，这就在当前【源对象】t需要增加毛发的源物体。V-Ray毛发创建的地毯效果，如图12.12所示。

图12.12　V-Ray毛发创建的地毯效果

V-Ray毛发的【参数】卷展栏，如图12.13所示。

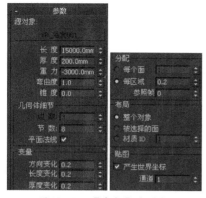

图12.13 【参数】卷展栏

源对象：需要增加毛发的源物体。

长度：毛发的长度。

厚度：毛发的厚度。

重力：控制将毛发往Z方向拉下的力度。

弯曲度：控制毛发的弯曲度。

边数：目前该参数不可调节。毛发通常作为面对跟踪光线的多边形来渲染，正常是使用插值来创建一个平滑的表面。

节数：毛发是作为几个连接起来的直线段来渲染的，该参数控制直线段的数量。

平面法线：当勾选该选项，毛发的法线在毛发的宽度上不会发生变化。虽然不是非常准确，这与其他毛发解决方案非常相似。同时亦对毛发混淆有帮助，使图像的取样工作变得简单一点。.当取消勾选时，表面法线在宽度上会变得多样，创建一个有圆柱外形的毛发。

方向变化：该参数对于物体上生出的毛发在方向上增加一些变化，任何数值都是有效的。这个参数同样依赖于场景的比例。

长度/厚度/重力变化：在相应参数上增加变化。数值从0.0（没有变化）到1.0。

每个面：指定源物体每个面的毛发数量，每个面将产生指定数量的毛发。

每区域：所给面的毛发数量基于该面的大小。较小的面有较少的毛发，较大的面有较多的毛发。每个面至少有一条毛发。

整个对象：全部面产生毛发。

被选择的面：仅被选择的面（例如MeshSelect修改器）产生毛发。

材质ID：仅指定材质ID的面产生毛发。

产生世界坐标：大体上，所有贴图坐标是从基础物体（Base object）获取的。但是，W坐标可以修改来表现沿着毛发的偏移。U和V坐标依然从基础物体获取。

通道：W坐标将被修改的通道。

12.3.3 V-Ray平面和球体

V-Ray平面和V-Ray球体可作为3ds Max中的平面和球体来使用，其优点是面数少，不过多占用空间。利用VRayPlane创建的平面不必设置长、宽参数，在视图中就会以无限延伸的方式显示，适合创建整体背景或地面，效果如图12.14所示。

通过3ds Max的几何体创建命令面板中创建球体，拥有多个多边形，可以通过参数的设置改变球体的造型，例如边、半径等，而V-Ray球体只是创建圆滑的球体，但其在文件中所占空间小，有助于提高文件的渲染速度，如图12.15所示。

图12.14 V-Ray平面效果

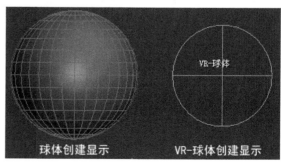

12.15 球体和VR-球体创建V-Ray显示

12.3.4 V-Ray置换

置换还有一种叫法为"位移"，从字面上去理解就是位置交换移动。其实它的含义是建立在凹凸的基础之上的。置换贴图也是用黑白贴图，也就是明度越亮，凹的越厉害；明度越低，越没有凹凸，一般来讲置换可以做那种毛毛的地毯，如图12.16所示。

图12.16　V-Ray置换制作地毯

V-Ray置换的Parameters卷展栏，如图12.17所示。

2D映射：2D贴图是二维图像，它们通常贴图到几何对象的表面，或用做环境贴图来为场景创建背景。最简单的2D贴图是位图；其他种类的2D贴图按程序生成。

3D映射：3D贴图是根据程序以三维方式生成的图案。

纹理贴图：选择置换的纹理贴图文件。

数量：影响置换效果的大小。数值越大置换纹理越凸出。

图12.17　【参数】卷展栏

12.4 V-Ray渲染器参数

V-Ray渲染器参数主要有三个面板：【V-Ray基项】、【V-Ray间接照明】和【V-Ray设置】。这些参数控制着渲染的方式、精细程度等。在Render Setup（渲染设置）对话框中的另外两个面板中也有V-Ray的相应参数，这在具体的应用中将会提到。

12.4.1 【V-Ray基项】选项卡

【V-Ray基项】选项卡中的参数主要包括插件授权信息、版本信息、全局设置、抗锯齿设置、环境，以及摄影机的设置，如图12.18所示。其中全局设置、抗锯齿设置和环境设置在建筑效果图的制作中经常用到。

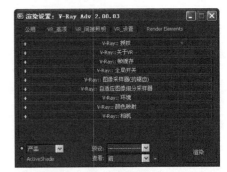

图12.18　【V-Ray基项】选项卡

1. 【V-Ray::全局开关】卷展栏

【V-Ray::全局开关】卷展栏主要设置场景中的全局灯光，如图12.19所示。

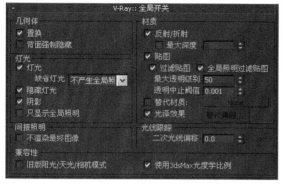

图12.19 【V-Ray::全局开关】卷展栏

置换：决定是否使用V-Ray自己的置换贴图。注意这个选项不会影响3ds Max自身的置换贴图。

灯光：决定是否使用灯光。也就是说这个选项是V-Ray场景中直接灯光的总开关，当然这里的灯光不包含3ds Max场景的默认灯光。如果不勾选，系统不会渲染手动设置的任何灯光，即使这些灯光处于勾选状态，自动使用场景默认灯光渲染场景。所以当不渲染场景中的直接灯光时，只需要勾选这个选项和下面的默认灯光选项。

缺省灯光：是否使用3ds Max的默认灯光。

隐藏灯光：勾选的时候，系统会渲染隐藏的灯光效果而不会考虑灯光是否被隐藏。

阴影：决定是否渲染灯光产生的阴影。

只显示全局照明：勾选的时候直接光照将不包含在最终渲染的图像中，但是在计算全局光的时候直接光照仍然会被考虑，但是最后只显示间接光照明的效果。

不渲染最终图像：勾选的时候，V-Ray只计算相应的全局光照贴图（光子贴图、灯光贴图和发光贴图）。这对于渲染动画过程很有用。

反射/折射：是否考虑计算V-Ray贴图或材质中光线的反射/折射效果。

最大深度：用于用户设置V-Ray贴图或材质中反射/折射的最大反弹次数。在不勾选的时候，反射/折射的最大反弹次数使用材质/贴图的局部参数来控制；当勾选的时候，所有的局部参数设置将会被它所取代。

贴图：是否使用纹理贴图。

过滤贴图：是否使用纹理贴图过滤。

最大透明级别：控制透明物体被光线追踪的最大深度。

透明中止阈值：控制对透明物体的追踪何时中止。如果光线透明的累计低于这个设定的极限值，将会停止追踪。

替代材质：勾选该选项的时候，允许用户通过使用后面的材质槽指定的材质来替代场景中所有物体的材质来进行渲染。这个选项在调节复杂场景的时候还是很有用处的。用3ds Max标准材质的默认参数来替代。

二次光线偏移：设置光线发生二次反弹时的偏置距离。

2. V-Ray::图像采样器（抗锯齿）】卷展栏

【V-Ray::图像采样器（抗锯齿）】卷展栏中，将图像采样器类型分为3个，分别是"自适应细分"、"固定"和"自适应准蒙特卡洛"，如图12.20所示。

图12.20 【V-Ray:: 图像采样器（抗锯齿）】卷展栏

类型：图像采样器类型，分为自适应细分、固定和自适应准蒙特卡洛。

抗锯齿过滤器：除了不支持Plate Match类型外，V-Ray支持所有3ds Max内置的抗锯齿过滤器。在 区域 下拉列表中包含16个过滤器，如图12.21所示。

图12.21 抗锯齿过滤器

3. 【V-Ray::环境】卷展栏

【V-Ray::环境】卷展栏，如图12.22所示。

图12.22 【V-Ray::环境】卷展栏

全局照明环境（天光）覆盖：允许在计算间接照明的时候替代3ds Max的环境设置，这种改变GI环境的效果类似于天空光。实际上，V-Ray并没有独立天空光设置。

开：只有勾选此项后，其后的参数才会被激活，在计算GI的过程中V-Ray才能使用指定的环境色或纹理贴图，否则，使用3ds Max默认的环境参数设置。

▢（颜色）：指定背景颜色。

倍增器：上面所指定颜色的亮度倍增值。

▬ None ▬：材质槽，指定背景贴图。

反射/折射环境覆盖：在计算反射/折射的时候替代3ds Max自身的环境设置。也可以选择在每一个材质或贴图的基础设置部分来替代3ds Max的反射/折射环境。其后面的参数含义与前面讲解的基本相同，就不再做解释了。

12.4.2 【V-Ray间接照明】选项卡

【V-Ray间接照明】选项卡中的参数主要包括插件间接照明、发光贴图、焦散的设置，如图12.23所示。其中间接照明和发光贴图的设置在效果图制作中经常用到。

图12.23 【V-Ray间接照明】选项卡

1. 【V-Ray::间接照明（全局照明）】卷展栏

【V-Ray:: 间接照明（全局照明）】卷展栏，如图12.24所示。

图12.24 【V-Ray:: 间接照明（全局照明）】卷展栏

全局照明焦散：全局照明焦散描述的是GI产生的焦散这种光学现象。它可以由天光、自发光物体等产生。但是由直接光照产生的焦散不受这里参数的控制，可以使用单独的"焦散"卷展栏的参数来控制直接光照的焦散。不过，GI焦散需要更多的样本，否则会在GI计算中产生噪波。

后期处理：这里主要是对间接光照明在增加到最终渲染图像前进行一些额外的修正。这些默认的设定值可以确保产生物理精度效果，当然用户也可以根据需要进行调节。一般情况下建议使用默认参数值。

首次反弹：决定为最终渲染图像贡献多少初级漫射反弹。注意默认的取值1.0可以得到一个很好的效果。其他数值也是允许的，但是没有默认值精确。

二次反弹：确定在场景照明计算中次级漫射反弹的效果。注意默认的取值1.0可以得到一个很好的效果。其他数值也是允许的，但是没有默认值精确。

2. 【V-Ray::发光贴图】卷展栏

【V-Ray::发光贴图】卷展栏，如图12.25所示。

图12.25 【V-Ray::发光贴图】卷展栏

当前预置：系统提供了8种系统预设的模式供用户选择，如无特殊情况，这几种模式应该可以满足一般需要。如图12.26所示。

图12.26　预置列表

最小采样比：这个参数确定GI首次传递的分辨率。0意味着使用与最终渲染图像相同的分辨率，这将使发光贴图类似于直接计算GI的方法；－1意味着使用最终渲染图像一半的分辨率。通常需要设置它为负值，以便快速地计算大而平坦的区域的GI，这个参数类似于自适应细分图像采样器的最小比率参数。

最大采样比：该参数确定GI的最终分辨率，类似于自适应细分图像采样器的最大比率参数。

半球细分：该参数决定单独的GI样本的品质。较小的取值可以获得较快的速度，但是也可能会产生黑斑，较高的取值可以得到平滑的图像。它类似于直接计算的细分参数。

插补采样值：定义被用于插值计算的GI样本的数量。较大的值会趋向于模糊GI的细节，虽然最终的效果很光滑，较小的取值会产生更光滑的细节，但是也可能会产生黑斑。

颜色阈值：该参数确定发光贴图算法对间接照明变化的敏感程度。较大的值意味着较小的敏感性，较小的值将使发光贴图对照明的变化更加敏感。

法线阈值：该参数确定发光贴图算法对表面法线变化的敏感程度。

间距阈值：该参数确定发光贴图算法对两个表面距离变化的敏感程度。

显示计算过程：勾选的时候。V-Ray在计算发光贴图的时候将显示发光贴图的传递。同时会减慢一点渲染速度，特别是在渲染大的图像时。

显示直接照明：只在"显示计算状态"勾选的时候才能被激活。它将促使V-Ray在计算发光贴图的时候，显示初级漫射反弹除了间接照明外的直接照明。

显示采样：勾选的时候，V-Ray将在VFB窗口以小圆点的形态直观地显示发光贴图中使用的样本情况。

多过程：该模式在渲染仅摄影机移动的帧序列时很有用。V-Ray将会为第一个渲染帧计算一个新的全图像发光贴图，而对于剩下的渲染帧，V-Ray设法重新使用或精练已经计算了的、存在的发光贴图。如果发光贴图具有足够高的品质也可以避免图像闪烁。这个模式也能够被用于网络渲染中。

随机采样：在发光贴图计算过程中使用。勾选的时候，图像样本将随机放置；不勾选的时候，将在屏幕上产生排列成网络的样本。

检查采样可见性：在渲染过程中使用。它将促使V-Ray仅仅使用发光贴图中的样本，样本在插补点直接可见。可以有效地防止灯光穿透两面接受完全不同照明的薄壁物体时产生的漏光现象。

用于计算传递插值采样的采样比：它描述的是已经被采样算法计算的样本数量。较好的取值范围是10～25，较低的数值可以加快计算传递，但是会导致信息存储不足，较高的取值将减慢速度，增加更多的附加采样。一般情况下，这个参数值设置为默认的15左右。

模式：系统提供了如图12.27所示的几种模式。

图12.27　模式列表

不删除：该选项默认是勾选的，意味着发光贴图将保存在内存中直到下一个渲染前；如果不勾选，V-Ray会在渲染任务完成后删除内存中的发光贴图。

自动保存：如果这个选项勾选，在渲染结束后，V-Ray将发光贴图文件自动保存到用户指定的目录。

切换到保存的贴图：该选项只有在"自动保存"勾选的时候才被激活，勾选的时候，V-Ray渲染器也会自动设置发光贴图为"从文件"模式。

12.5 课后练习 —————————————————○

1. 认识VRay的使用流程。
2. 设置VRay渲染器。

第13课
V-Ray基本操作

在指定V-Ray渲染器后，3ds Max中会同步出现V-Ray几何体、材质和灯光的创建命令。V-Ray渲染器再配合V-Ray的灯光来模拟场景光照效果，使场景灯光效果更逼真。使用V-Ray渲染器，其渲染器参数的设置十分重要，关系到输出图像的质量效果。本章通过一个室内场景实例具体介绍使用V-Ray渲染器的基本操作流程，渲染效果如图13.1所示。

本课内容：

- 设置主光源
- 设置补光
- 预览渲染
- 渲染光子图
- 渲染ID彩图
- 渲染最终效果图

图13.1　客厅

13.1　设置主光源

在这里主光源包括室外光和室内人工光。主光源的模拟应用了目标聚光灯和光域网文件，设置主光源后的效果，如图13.2所示。

图13.2　主光源的效果

01 双击图标，启动3ds Max 2012中文版应用程序。

02 打开本书光盘中的"模型" / "第13课" / "客厅.max"文件，如图13.3所示。

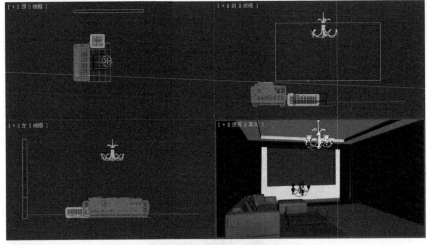

图13.3　打开场景文件

03 单击工具栏中📷（渲染设置）按钮，打开【渲染设置】对话框，在【指定渲染器】卷展栏下确认已经指定V-Ray渲染器，如图13.4所示。

图13.4 指定渲染器

提 示

要使用V-Ray特有的物体、材质和灯光，必须在指定V-Ray渲染器后才能使用。

04 单击◀ / 标准 / 目标聚光灯 按钮，在顶视图中单击鼠标左键创建一盏【目标聚光灯】，命名为"模拟太阳光"，设置其参数，如图13.5所示。

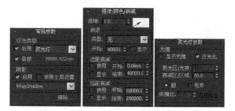

图13.5 参数设置

05 在视图中调整"模拟太阳光"的位置，使其从窗户的位置投射到室内，如图13.6所示。

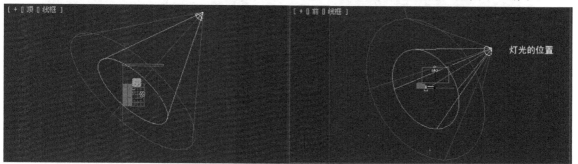

图13.6 调整灯光位置

06 单击工具栏中的📷（渲染产品）按钮，观察渲染设置"模拟太阳光"后的效果，如图13.7所示。

至此，场景中的主光源已经设置完成了。

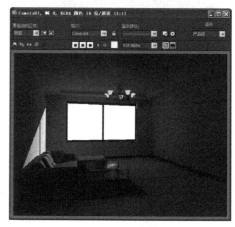

图13.7 渲染效果

13.2 设置补光

根据场景的总体照明效果，通过补光的方法调整场景中的整体亮度，主要通过VRayLight灯光实现，设置补光后的效果，如图13.8所示。

图13.8 辅助光的效果

01 继续前面的操作。单击 ◀ / VRay ▼ / 目标聚光灯 按钮，在前视图中创建一盏VR_

光源，命名为"模拟天光"，设置其参数，如图13.9所示。

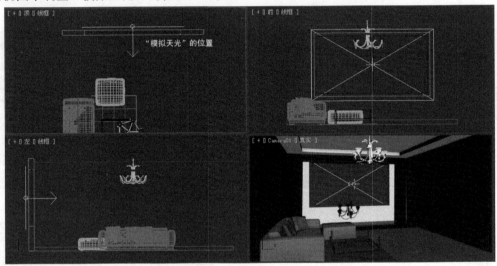

图13.9 参数设置

02 在视图中调整"模拟天光"的位置，如图13.10所示。

图13.10 调整灯光位置

03 在工具栏中单击 ▦ （渲染产品）按钮，渲染观察设置"模拟天光"后的效果，如图13.11所示。

图13.11 渲染效果

04 单击 VR_光源 按钮，命名为"补光"，设置其参数，如图13.12所示。

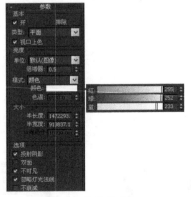

图13.12 参数设置

05 在视图中调整"补光"的位置，如图13.13所示。

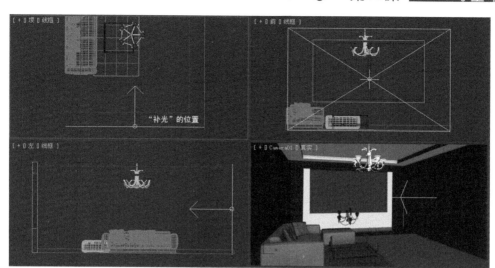

图13.13 调整灯光的位置

06 单击 ◉ (渲染产品) 按钮, 渲染观察设置"补光"后的效果, 如图13.14所示。

07 单击 ◀ / 标准 ▼ / 泛光灯 按钮, 在前视图中创建一盏泛光灯, 命名为"吊灯灯光", 设置其参数, 如图13.15所示。

图13.14 渲染效果

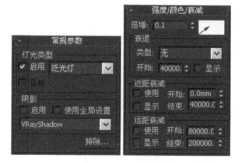

图13.15 参数设置

08 在视图中调整"吊灯灯光"的位置, 如图13.16所示。

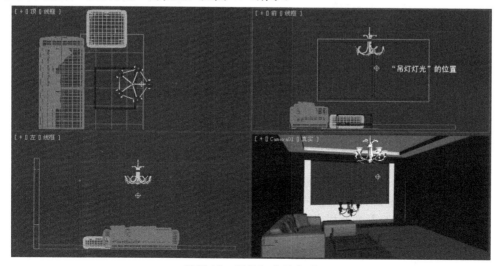

图13.16 调整灯光的位置

09 单击工具栏中（渲染产品）按钮，渲染观察设置“吊灯灯光”后的效果，如图13.17所示。

至此，场景中所有的灯光已经全部设置完成了。

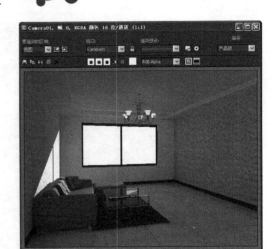

图13.17　渲染效果

13.3 预览渲染

在最终渲染前，首先预览一下灯光设置的效果，在V-Ray渲染器中初步设置简单的渲染参数，大体观察一下场景的效果，预览渲染效果。

单击工具栏中（渲染设置）按钮，打开【渲染设置】对话框，在【VR基项】选项卡中的【VRay：：全局开关】卷展栏中设置各项参数，如图13.18所示。

图13.18　参数设置

提示

预览渲染时将【类型】设置为【固定】模式，其渲染速度快，但图像质量不理想。

02 在【VR-间接照明】标签页中的【V-Ray：：间接照明（全局照明）】卷展栏中设置各项参数，如图13.19所示。

03 在【V-Ray：：发光贴图】卷展栏中设置各项参数，如图13.20所示。

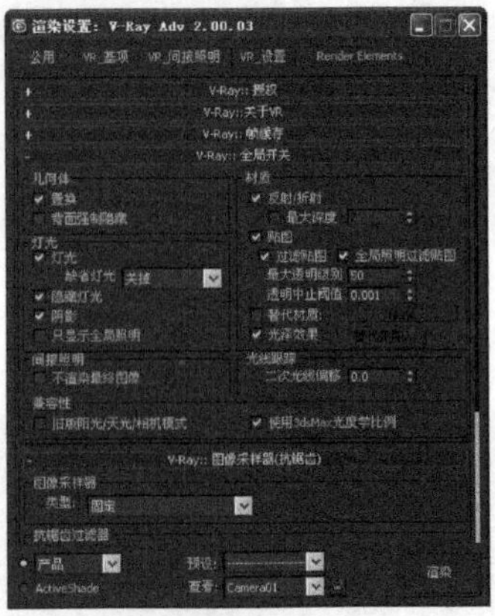

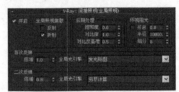

图13.19　参数设置

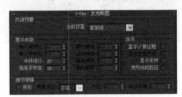

图13.20　参数设置

04 将渲染参数设置完成后，单击按钮，初步预览渲染效果，如图13.21所示。

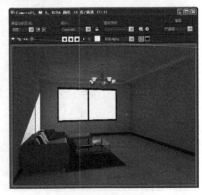

图13.21　渲染效果

13.4 渲染光子图

通过预览渲染，可以观察场景中的灯光效果已经比较好了，下面就可以渲染光子图了。渲染光子图就要重新设置渲染参数，将提高渲染质量，因此，光子图的渲染时间会加长，光子图渲染效果，如图13.22所示。

图13.22 渲染光子图

01 继续前面的操作。打开【渲染设置】对话框，在【VR-基项】选项卡中的【V-Ray：：图像采样器（抗锯齿）】卷展栏中设置各项参数，如图13.23所示。

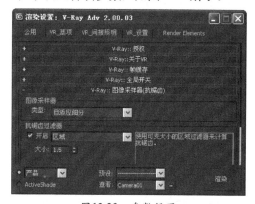

图13.23 参数设置

02 在【VR-间接照明】选项卡中的【V-Ray：：发光贴图】卷展栏中设置各项参数，如图13.24所示。

图13.24 参数设置

03 在【渲染结束时光子图处理】组中勾选【自动保存】选项，单击 浏览 按钮，在弹出的对话框中命名并保存光子图，如图13.25所示。

图13.25 保存光子图

04 在【公用】选项卡中设置出图尺寸，如图13.26所示。

图13.26 参数设置

05 单击 渲染 按钮，开始渲染光子图文件，如图13.27所示。

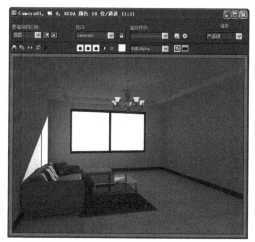

图13.27 渲染效果

13.5 渲染ID彩图

对于需要单独进行绘画和涂饰的连续曲面，可以使用材质ID。例如，汽车由不同类型的材质所组成，如彩色的金属车身、铬合金部件、玻璃窗等。材质ID的设置在材质编辑器中进行，将各材质球进行ID编号，就可以渲染出色块式的ID彩图，如图13.28所示。

图13.28　ID彩图

01 在工具栏中单击 按钮，打开【材质编辑器】对话框，如图13.29所示。

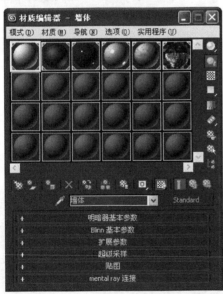

图13.29　打开【材质编辑器】对话框

02 选择第二个材质示例球，在工具行中单击ID编号 按钮，在列表中选择 按钮，如图13.30所示。

03 按照同样的方法，将其他材质球依次按编号顺序为其设置ID编号，如图13.31所示。

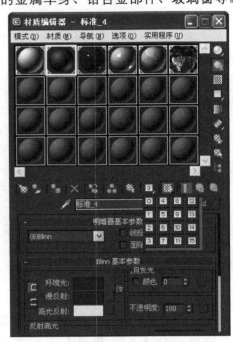

图13.30　选择ID编号

图13.31　ID设置

 提 示

在效果图制作中，根据所需的材质，设置需要用到材质的材质ID即可。

04 打开【渲染设置】对话框，在Render Elements选项卡中单击 添加… 按钮，在弹出的【渲染元素】窗口中选择【VR-材质ID】选项，如图13.32所示。

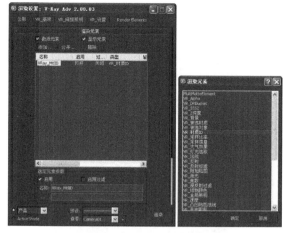

图13.32　添加渲染元素

05 此时，单击 渲染 按钮，渲染完成后，会出现效果图和ID彩图两个文件，如图13.33所示。

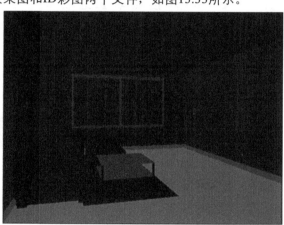

图13.33　渲染ID彩图

13.6 渲染最终效果图

渲染完成光子图后，在最终渲染效果图时，调大出图尺寸，将光子图导入，节省了效果图渲染时间，最终效果图如图13.34所示。

图13.34　最终效果

01 打开【渲染设置】窗口，在【公用】选项卡
中设置出图尺寸，如图13.35所示。

图13.35　参数设置

02 在【VR-间接照明】选项卡中的
【V-Ray：：发光贴图】卷展栏的【模式】
组中导入光子图文件，如图13.36所示。

03 单击 渲染 按钮，渲染效果图，如13.37所示。

图13.36　导入光子图

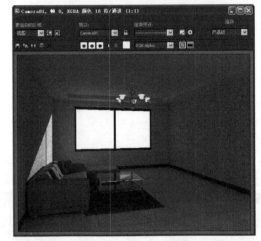

13.37　最终渲染结果

13.7 课后练习

1. 渲染光子图。
2. 使用VRay渲染器进行渲染输出。

第14课
V-Ray材质的应用

在使用V-Ray渲染器进行渲染的时候，最好将默认的标准材质指定为VRayMtl材质，通过V-Ray材质结合V-Ray渲染器，表现的材质效果更加真实、生动。

本课内容：

- VRayMtl材质
- 其他V-Ray材质
- V-Ray贴图

14.1 VRayMtl材质

V-Ray的标准材质（VRayMtl）是专门配合V-Ray渲染器使用的材质，因此当使用V-Ray渲染器时，使用这个材质会比3ds Max的标准材质（Standard）在渲染速度和细节质量上高很多。其次，3ds Max的标准材质（Standard）可以制作假高光，即没有反射现象而只有高光，但是这种现象在真实世界是不可能实现的，而V-Ray的高光则是和反射的强度息息相关的，如图14.1所示。还有在使用V-Ray渲染器的时候只有配合V-Ray的材质才可以产生焦散效果，而在使用3ds Max的标准材质（Standard）的时候这种效果是无法产生的。

Standard材质假高光　　　VRayMtl材质高光反射

图14.1　标准材质和VRayMtl材质高光效果

14.1.1　VRayMtl材质参数

VRayMtl材质是V-Ray渲染系统的专用材质。使用这个材质能在场景中得到更好的、正确的照明，更快的渲染，更方便控制的反射和折射参数。在VRayMtl里能够应用不同的纹理贴图，添加凹凸贴图和位移贴图，促使直接GI（direct GI）计算，对于材质的着色方式可以选择BRDF（毕奥定向反射分配函数）。

VRayMtl材质的【基本参数】卷展栏，如图14.2所示。

14.2　VRayMtl参数卷展栏

漫反射：材质的漫反射颜色。

反射：一个反射倍增器（通过颜色来控制反射、折射的值）。

高光光泽度：这个值表示材质的高光光泽度大小。值为0.0意味着得到非常模糊的高光光泽度；值为1.0，将关掉光泽度。

反射光泽度：这个值表示材质的光泽度大小。值为0.0意味着得到非常模糊的反射效果；值为1.0，将关掉光泽度（VRay将产生非常明显的完全反射）。

> **提示**
>
> 打开光泽度（Glossiness）将增加渲染时间。

细分：控制光线的数量，做出有光泽的反射估算。当光泽度（Glossiness）值为1.0时，这个细分值会失去作用（VRay不会发射光线去估算光泽度）。

菲涅耳反射：当这个选项打开时，反射将具有真实世界的玻璃反射。这意味着当角度在光线和表面法线之间角度值接近0°时，反射将衰减，当光线几乎平行于表面时，反射可见性最大。当光线垂直于表面时几乎没反射发生。

菲涅耳反射：这个值确定材质的反射率。设置适当的值能做出很好的折射效果，像水、钻石、玻璃等。

最大深度：光线跟踪贴图的最大深度。光线跟踪更大的深度时贴图将返回黑色（左边的黑块）。

折射：一个折射倍增器。

光泽度：这个值表示材质的光泽度大小。值为0.0意味着得到非常模糊的折射效果；值为1.0，将关掉光泽度（VRay将产生非常明显的完全折射）。

影响阴影：勾选该选项，折射效果影响物体的阴影效果。只有场景中的灯光使用了VRay阴影才有效。

烟雾颜色：V-Ray允许用户用雾来填充折射的物体。这是雾的颜色。

烟雾倍增器：雾的颜色倍增器，较小的值产生更透明的雾。

烟雾偏移：这个数值设置烟雾的方向偏移效果。

散射系数：这个值控制在半透明物体的表面下散射光线的方向。值为0.0时意味着在表面下的光线将向各个方向上散射；值为1.0时，光线与初始光线的方向相同，同向来散射穿过物体。

前/后分配比：这个值控制在半透明物体

表面下的散射光线多少将相对于初始光线，向前或向后传播穿过这个物体。值为1.0意味着所有的光线将向前传播；值为0.0时，所有的光线将向后传播；值为0.5时，光线在向前/向后方向上等向分配。

灯光倍增器：灯光分摊用的倍增器。用它来描述穿过材质下的面被反、折射光的数量。

厚度：这个值确定半透明层的厚度。当光线跟踪深度达到这个值时，V-Ray不会跟踪光线更下面的面。

BRDF卷展栏中的参数，主要用来表示表面的反射属性。一个函数定义一个表面的光谱和空间反射属性。

Maps卷展栏中能够设置不同的纹理贴图。可用的纹理贴图通道凹槽有【漫反射颜色】、【反射】、【折射】、【光泽度】、【凹凸】和【置换】等。在每个纹理贴图通道凹槽都有一个倍增器，状态勾选框和一个长按钮。这个倍增器控制纹理贴图的强度。状态勾选框是贴图开关；长按钮让用户选择需要的贴图或选择当前贴图。

14.1.2 使用VRayMtl调制金属材质

通过VRayMtl能够模拟现实中光亮金属或磨光金属的高光及反射效果，本例介绍金属杯的材质制作，效果如图14.3所示。

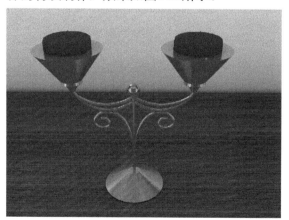

图14.3 金属材质效果

01 在桌面上双击 图标，启动3ds Max 2012中

文版应用程序。

02 打开随书光盘中的"模型"/"第14课"/"烛台.,max"文件，如图14.4所示。

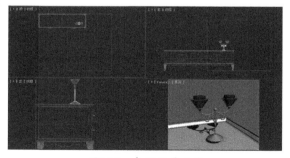

图14.4 打开场景文件

03 单击工具栏中 （材质编辑器）按钮，打开【材质编辑器】窗口，选择一个新的材质示例球，命名为"金属材质"。如图14.5所示。

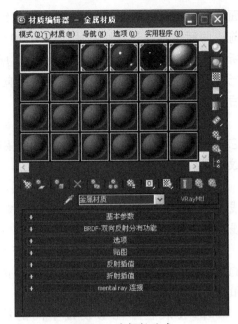

图14.5　选择材质球

04 单击 Standard 按钮，在弹出的【材质／贴图浏览器】窗口中选择VRayMtl材质，如图14.6所示。

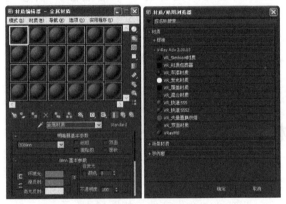

图14.6　指定VRayMtl材质

提示

本例使用V-Ray材质，这就需要首先指定V-Ray渲染器为当前渲染器，否则有些V-Ray材质在材质编辑器中不能显示出来。

05 在【基本参数】卷展栏下设置漫反射和反射颜色，以及反射光泽度参数，如图14.7所示。

06 在【贴图】卷展栏下单击【反射】后的贴图按钮，在弹出的【材质／贴图浏览器】窗口中选择【位图】贴图，如图14.8所示。

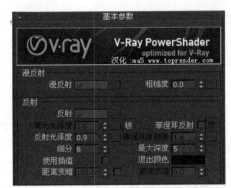

图14.7　参数设置

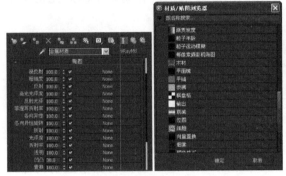

图14.8　选择贴图命令

07 此时弹出【选择位图图像文件】对话框，选择随书光盘中的Maps/"反射贴图.jpg"文件，将其打开，如图14.9所示。

图14.9　打开贴图文件

08 单击 按钮返回上一级，在【贴图】卷展栏中设置【反射】参数为80，如图14.10所示。

09 至此，VRayMtl金属材质制作完成，在视图中选中"金属材质"模型，单击 （将材质

指定给选定对象）按钮，将材质赋予选中的
造型，材质效果如图14.11所示。

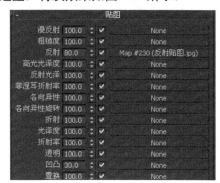

图14.10　参数设置

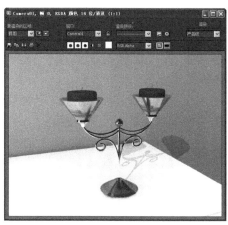

图14.11　金属材质效果

14.2　其他V−Ray材质

在材质编辑器中单击 Standard 按钮，在弹出的【材质／贴图
浏览器】窗口中一共提供了11种V-Ray材质，
如图14.12所示。下面简单介绍一下其中常用
的几种V-Ray材质。

图14.12　V-Ray材质

14.2.1　V-Ray材质包裹器

用V-Ray的包裹材质，可以很好地控制房间内部产生色溢的现象。主要是用来控制材质产生
全局照明（GI）和接受GI的程度。例如想让桌子上的物品醒目点，就把产生GI调高点；例如深色
饱和物体容易出现色溢，就把产生GI调低点。材质效果如图14.13所示。

图14.13　材质效果

V-Ray材质包裹器参数面板，如图14.14所示。

图14.14　【VR-材质包裹器参数】卷展栏

基本材质：选择材质类型，推荐使用VRayMtl材质。

产生全局照明：这个数值决定材质全局照明的亮度，数值越高，亮度越亮。

接受全局照明：这个数值决定材质接受全局照明的亮度，数值越高，接受照明度越多。

14.2.2　V-Ray覆盖材质

使用V-Ray覆盖材质可以避免渲染出效果图材质反射的色溢，例如打开了全局照明，在阳光下草地的反射光把建筑的墙面全部染成一大片绿色，如果不希望这种效果，只能用Photoshop把草地的饱和度改小或者把RGB输出降低，但是这样虽然草地的反射光不绿了，但是草地会很灰，如果使用覆盖材质可以让草地显示出来的是基本材质的草地，而在全局光上用饱和度很低的草地材质来计算，就可以两全其美。但是代理材质最常用的是代理一些V-Ray渲染全局光的时候会出错的材质。V-Ray覆盖材质参数卷展栏，如图14.15所示。

基本材质：选择物体的基本材质类型。
反射材质：选择物体反射材质类型。
折射材质：选择物体折射材质类型。

使用V-Ray覆盖材质制作的材质效果，如图14.16所示。

图 14.15　V-Ray覆盖材质

图14.16　V-Ray覆盖材质

14.2.3　V-Ray发光材质

V-Ray发光材质是一种自发光的材质，通过设置不同的倍增值可以在场景中产生不同的明暗效果。可以用来做自发光的物件，例如灯带、电视机屏幕、灯箱等，只要你想让物体发光就可以做。也用来代替灯，可以做出各种想要的灯形状而不受限制。例如要打一个圆形灯带，可以画一个圆环物体，然后赋予灯光材质，这样就可以了，而不用画多个线光源或面光源。V-Ray发光材质参数卷展栏，如图14.17所示。

▢（颜色）：用于设置自发光材质的颜色，如果有贴图，则以贴图的颜色为准，此值无效。

1.0（倍增）：用于设置自发光材质的亮度。相当于灯光的倍增器。

不透明度：用于指定贴图作为自发光。

图14.17　参数卷展栏

14.2.4　V-Ray混合材质

使用V-Ray混合材质制作山体、草皮等物体的材质效果。V-Ray混合材质参数卷展栏如图14.18所示。

图14.18　V-Ray混合材质参数卷展栏

基本材质：指定被混合的第一种材质，最基层材质。

镀膜材质：指定混合在一起的其他材质。基层材质上面的材质，该组中提供了9种镀膜材质通道，选择镀膜材质类型。

混合数量：设置两种以上材质的混合度。当颜色为黑色时，会完全显示基础材质的漫反射颜色；当颜色为白色时，会完全显示镀膜材质的漫反射颜色；也可以利用贴图通道进行控制。

附加（虫漆）模式：勾选时与3ds Max的虫漆材质类似，一般不勾选。

14.2.5　V-Ray双面材质

通过V-Ray双面材质制作单面的模型材质，例如车削制作的造型，可以设置造型的内和外两种材质，如图14.19所示。

图14.20　参数卷展栏

正面材质：设置物体外侧的材质。

背面材质：设置物体内侧的材质。

半透明度：通过调整颜色的深浅，调整两种材质间的透明度，颜色越浅越透明，颜色为黑色则没有透明度。

图14.19　双面材质效果

V-Ray双面材质参数卷展栏，如图14.20所示。

14.3　V-Ray贴图

使用V-Ray渲染器，最好结合V-Ray贴图制作材质，能够更完美地表现场景中的材质效果，V-Ray贴图包括VR边纹理、VRayHDRI、VR颜色等贴图命令。

在材质编辑器中任意一个示例球的Maps卷展栏下单击长贴图按钮，在弹出的【材质／贴图浏览器】对话框中包括了7种V-Ray贴图，如图14.21所示。

图14.21　V-Ray贴图命令

▌14.3.1　VR-贴图

VR-贴图的主要作用就是在3ds Max材准材质或第三方材质中增加反射/折射。其用法类似于3ds Max中的光线追踪类型的贴图，因在VRay中不支持这种贴图类型，需要的时候，以VR-贴图代替。其参数卷展栏，如图14.22所示。

图14.22　【参数】卷展栏

反射：当该选项选中时，V-Ray的贴图起到一种反射贴图的作用。此时，Reflection params参数栏可用来控制贴图的参数。

折射：当该选项选中时，V-Ray的贴图起到一种折射贴图的作用。此时，Reraction params参数栏可用来控制贴图的参数。

环境贴图：可以设置环境位图，使材质的反射真实。

过滤色：反射倍增器。不要在材质中使用微调控制来设定反射强度，应当在这里使用Filter color来代替它。

背面反射：该选项将强制V-Ray始终追踪反射光线。在使用了折射贴图时使用该选项将增加渲染时间。

光泽度：打开光泽反射。

光泽度：材质的光泽度。当该值为0时表示特别模糊的反射，较高的值产生较尖锐的反射。

细分：控制发出光线的数量来估计光泽反射。

最大深度：贴图的最大光线追踪深度。大于该值时，贴图会反射出Exit color颜色。

退出颜色：当光线追踪达到最大深度，但不进行反射计算时反射出来的颜色。

烟雾颜色：V-Ray允许用户使用体积雾来填充透明物体，这里是体积雾的颜色。

烟雾倍增：体积雾倍增器，较小的值会产生更透明的雾。

使用V-Ray贴图设置材质效果，如图14.23所示。

图14.23　V-Ray贴图材质效果

▌14.3.2　VR-线框贴图

使用V-Ray线框贴图可以渲染出造型的线框图，其参数卷展栏，如图14.24所示。

图14.24　VR边纹理参数卷展栏

颜色：设置线框的颜色。

隐藏边线：开启该选项后可以渲染隐藏的边。

世界单位：使用世界单位设置线框的宽度。

像素：使用像素的单位设置线框的宽度。数值越高线框越粗，反之则越细。

线框渲染效果，如图14.25所示。

图14.25　渲染线框图

14.3.3　VR合成贴图

V-Ray合成贴图主要表现材质的色相，通过两个材质通道将两种材质混合搭配，并选择适合的运算方法，调制纹理图案。V-Ray合成贴图参数卷展栏，如图14.26所示。

图14.26　VR合成贴图参数卷展栏

源A/源B：单击 None 按钮指定一张贴图，该贴图将与Source B（来源B）通道中指定的贴图进行混合处理。

运算符：选择两张贴图的混合方式。提供了7种运算方式，如图14.27所示。

图14.27　运算方式

V-Ray合成纹理材质效果，如图 14.28 所示。

图14.28　V-Ray合成贴图材质效果

14.3.4　VR-污垢

V-Ray 灰尘可以用来制作破旧古老的物体材质，V-Ray 灰尘参数卷展栏，如图 14.29 所示。

图14.29　VR-污垢参数卷展栏

半径：设置投影的范围大小。

阻光颜色：设置投影区域的颜色。

非阻光颜色：类似于漫反射颜色，设置阴影区域以外的颜色。

分布：设置投影的扩散程度。

衰减：设置投影边缘的衰减程度。

细分：设置投影污垢材质的采样数量。

偏移：分别设置投影在三个轴向上偏移的距离。

影响alpha：开启后在alpha通道中会显示阴影区域。

被GI忽略：开启后忽略渲染设置对话框中的全局光设置。

仅考虑同一物体：开启后只在模型自身产生投影。

14.3.5　VRayHDRI

VRayHDRI是一种特殊的图形文件格式，它的每一个像素除了含有普通的RGB信息以外，还包含有该点的实际亮度信息，所以它在作为环境贴图的同时，还能照亮场景，为真实再现场景所处的环境奠定了基础。

VRayHDRI拥有比普通RGB格式图像（仅8bit的亮度范围）更大的亮度范围。标准的RGB图像最大亮度值是255/255/255，如果用这样的图像结合光能传递照明一个场景，即使是最亮的白色也不足以提供足够的照明来模拟真实世界中的情况，渲染结果看上去会平淡而缺乏对比，原因是这种图像文件将现实中的大范围照明信息仅用一个8bit的RGB图像描述。但是使用HDRI的话，相当于将太阳光的亮度值（例如6000%）加到光能传递计算及反射的渲染中，得到的渲染结果也是非常真实、漂亮。VRayHDRI的参数卷展栏，如图14.30所示。

倍增器：用于设置 HDRI 贴图的倍增强度。

水平旋转：控制贴图的水平方向上的旋转。

图14.30　VRayHDRI参数卷展栏

水平翻转：将贴图沿着水平方向翻转。
垂直旋转：控制贴图的垂直方向上的旋转。

垂直翻转：将贴图沿着垂直方向翻转。
伽码：设置HDRI贴图的伽玛值。
VRayHDRI材质效果，如图14.31所示。

图14.31　VRayHDRI材质效果

14.3.6　V-Ray位图过滤

通过V-Ray位图过滤可以设置贴图在物体表面的图像显示位置，相当于【UVW贴图】设置一样。V-Ray位图过滤参数卷展栏，如图14.32所示。

图14.32　V-Ray位图过滤参数卷展栏

位图：选择位图图像。
U偏移/V偏移：设置位图的偏移数量。
镜像U/V：勾选该选项，该轴上的图像呈镜像显示。
V-Ray位图过滤器贴图效果，如图14.33所示。

图14.33　V-Ray位图过滤贴图效果

14.3.7　V-Ray颜色

V-Ray颜色贴图通过源三色元素红、绿、蓝的含量来调整材质的色彩。V-Ray颜色参数卷展栏，如图14.34所示。

图14.34　V-Ray颜色参数卷展栏

红/绿/蓝：调整材质的颜色。

RGB倍增器：调整颜色的亮度，数值越大亮度越大，反之则越小。
颜色：设置材质的颜色。
V-Ray颜色贴图设置效果，如图14.35所示。

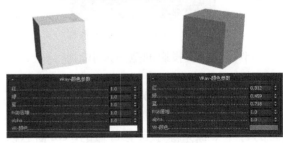

图14.35　颜色设置效果

14.4 课后练习

1. 认识VRayMtl材质
2. 认识V-Ray贴图的类型

第15课
V-Ray灯光和摄影机的应用

在安装V-Ray渲染器后，兼容其他类型的灯光系统和相机系统。在室内效果图的制作中，一个场景中往往也是多个类型的灯光混合使用。V-Ray灯光在效果图制作中起到非常重要的作用，更完美地表现达到默认灯光做不出的光照效果。

本课内容：
- VRay灯光
- VRayIES阳光
- VRay阳光
- VRay穹顶摄影机
- VRay物理摄像机

15.1 V-Ray灯光

了真实世界中光线的物理特性。在真实环境中，光线不仅有点的形式，还有面及体的形式存在。而3ds Max系统默认的灯光却没有这个特性，这就会让灯光效果大打折扣。虽然使用3ds Max系统默认的灯光时可以选择VRayShadow（区域阴影）的选项，但是最后的阴影效果还是没有V-Ray光源的真实。

不过V-Ray光源也有不足之处，例如缺少光域网和阴影贴图的特性，而且在渲染场景时会增加很多的杂点，虽然可以调高VRayLight阴影的细分值，但是会增加系统的渲染时间。最好的方法是VRayLight与3ds Max自带的灯光配合使用。

V-Ray灯光参数卷展栏，如图15.1所示。

图15.1　V-Ray光源【参数】卷展栏

开：打开或关闭V-Ray灯光。

类型：在其下拉列表中提供了4种灯光类型，如图15.2所示。

图15.2　V-Ray几何体

平面：当这种类型的光源被选中时，V-Ray光源具有平面的形状。

V-Ray渲染器自带的V-Ray光源有体积的概念，这一点依据

半长度：面光源长度的一半。

半宽度：面光源宽度的一半。

球体：当这种类型的光源被选中时，V-Ray光源是球形的。

U、V、W尺寸：光源的U、V、W向尺寸。

单位：灯光亮度单位，法定计量单位为cd/m2，其下拉列表，如图15.3所示。

图15.3　灯光单位下拉菜单

默认（图像）：V-Ray默认类型，通过灯光的颜色和亮度来控制灯光最后的强弱，如果忽略曝光类型的因素，灯光色彩将是物体表面受光的最终色彩。

光通量（1m）：当使用这种类型的时候，灯光的亮度将和灯光的大小无关。

发光强度（1m/m2/sr）：当选择这种模式时，灯光的亮度和它的大小有关系。

辐射强度（W/m2/sr）：选择这种类型的时候，灯光的亮度和它的大小有关系。

辐射量（W）：当选择这种类型的时候，灯光的亮度将和灯光的大小无关，但是，这里的瓦特和物理上的瓦特不一样，这里的瓦特，500W大约等于物理上的10～15瓦特。

颜色：由V-Ray光源发出的光线的颜色。

倍增器：光源颜色倍增器。

双面：当V-Ray灯光为平面光源时，该选项控制光线是否从面光源的两个面发射出来。

不可见：该设定控制V-Ray光源体的形状是否在最终渲染场景中显示出来。当该选项打开时，发光体不可见；当该选项关闭时，V-Ray光源体会以当前光线的颜色渲染出来。

忽略灯光法线：当一个被追踪的光线照射到光源上时，该选项让用户控制V-Ray计算发光的方法。对于模拟真实世界的光线，该

选项应当关闭，但是当该选项打开时，渲染的结果更加平滑。

不衰减：当该选项选中时，V-Ray所产生的光将不会被随距离而衰减。否则，光线将随着距离而衰减。

天光入口：这个选项是把V-Ray 灯转换为天光，此时的V-Ray灯就变成了GI灯，失去了直接照明。当勾选了这个选项的时候，invisible ignore light normals no decay color multiplier将不可用，这些参数将被V-Ray的天光参数取代。

存储在发光贴图中：当该选项选中并且全局照明设定为发光贴图时，V-Ray将再次计算VrayLight的效果并且将其存储到光照贴图中。其结果是光照贴图的计算会变得更慢，但是渲染时间会减少。用户还可以将光照贴图保存下来稍后再次使用。

影响漫反射：决定灯光是否影响物体材质属性的漫反射。

影响高光：决定灯光是否影响物体材质属性的高光。

影响反射：决定灯光是否影响物体的反射。

阴影偏移：这个参数用来控制物体与阴影偏移距离，较高的值会使阴影向灯光的方向偏移。

阈值：在V-Ray光源中新增加了阈值，可缩短在多个微弱灯光场景的渲染时间。就是说，当场景中有很多微弱而不重要的灯光时，可以使用V-Ray光源里的阈值参数来控制它们，以减少渲染时间。

细分：该值控制V-Ray用于计算照明的采样点数量。

使用V-Ray光源设置场景灯光效果，如图15.4所示。

图15.4　V-Ray光源设置场景灯光效果

15.2　VRayIES光源

VRayIES光源是V-Ray渲染器新增的一种灯光类型。其灯光特性类似于光度学灯光，也可以说该灯光就是V-Ray的光度学灯光。VRayIES可以调用外部的光域网文件，使用起来非常方便。VRayIES光源参数卷展栏，如图15.5所示。

开启：开启面光源。

目标：开启目标对象。

阴影偏移：这个参数用来控制物体与阴影偏移距离，较高的值会使阴影向灯光的方向偏移。

色彩：设置灯光颜色。

功率：相当于默认灯光中的倍增器，数值越大亮度越大。

15.5　【VRayIES光源参数】卷展栏

15.3 V-Ray太阳

对于3dx Max来说，日光系统是模拟现实的物理光源，可真实再现太阳在真实时间里出现的位置，而V-Ray内设的太阳光【V-Ray太阳】正是为了更真实地表现日光来开发的，并且已经从1.5版本开始整合在3dx Max辅助工具的日光系统中，更方便地调整正确位置。作为辅助的VRaySky贴图系统则是模拟天空环境颜色，它将依照日光位置、强度、大气等产生颜色、亮度变化。

日光系统是依照上北下南左西右东的坐标方向来定位太阳，所以不论室外建筑还是室内场景，记得要先确定图纸上窗口南北朝向，在建立模型时保证方位一致，这样明暗关系才正确。

【VRay太阳】的参数非常简单，需要注意的就是光照强度，默认值1是设定在白天的时候，最好不要更改。而模拟傍晚光照则可以适当降低，因为随季节变换当日光时间在19：00-19：30以后太阳就会完全没入地平线以下，日光将失去作用，而要通过降低光照强度来实现所谓的月光。其中比较重要的是【混浊度】，它代表天空是否晴朗。【区域大小】则反映了太阳直射光照范围强度，数值越小代表直线光照阴影范围就越小，反之阴影范围越大，它的数值单位依照场景尺寸设定单位，如场景单位是"毫米"，那么阴影范围也是以"毫米"计算。【V-Ray太阳参数】卷展栏，如图15.6所示。

开户：开启面光源。

不可见：勾选此选项后VRaySun不显示，这个选项和V-Ray灯光中的意义相同。

混浊度：大气的混浊度，这个数值是VRaySun参数面板中比较重要的参数，它控制大气混浊度的大小。早晨和日落时阳光的颜色为红色，中午为很亮的白色，原因是太阳光在大气层中穿越的距离不同即因地球的自转使我们看太阳时因大气层的厚度不同而呈现不同的颜色，早晨和黄昏太阳光在大气层中穿越的距离最远，大气的混浊度也比较高

所以会呈现红色的光线，反之正午时混浊度最小光线也非常亮、非常白。

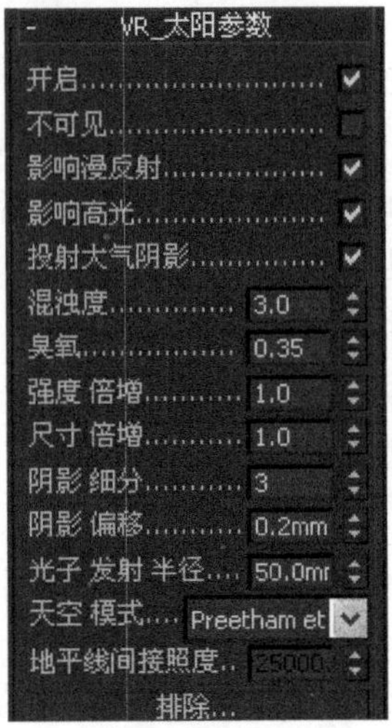

图15.6 【VRay太阳参数】卷展栏

臭氧：该参数控制着臭氧层的厚度，随着臭氧层变薄，特别是南极和北极地区，到达地面的紫外光辐射越来越多，但臭氧减少和增多对太阳光线的影响甚微。

强度倍增：该参数比较重要，它控制着阳光的强度，数值越大阳光越强。

尺寸倍增：该参数可以控制太阳的尺寸，阳光越大阴影越模糊，使用它可以灵活调节阳光阴影的模糊程度。

阴影细分：即阴影的细分值，这个参数在每个V-Ray灯光中都有，细分值越高产生阴影的质量就越高。

阴影偏移：阴影的偏差值，其中Bias参数值为1.0时，阴影有偏移；大于1.0时阴影远离投影对象；小于1.0时，阴影靠近投景对象。

15.4 V-Ray穹顶摄影机

V-Ray穹顶摄影机在效果图制作中一般用不到，它是垂直角度的摄影机，摄影机和目标点永远呈直线形式，不能移动，适合渲染平面图。【V-Ray穹顶摄影机参数】卷展栏，如图15.7所示。

图15.7 【V-Ray 穹顶摄影机参数】卷展栏

视野：相机的视角设置。

使用V-Ray穹顶摄影机的相机视角，如图15.8所示。

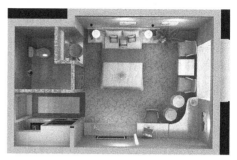

15.8 V-Ray穹顶摄影机相机视角

15.5 V-Ray物理摄像机

摄像机模式中选择V-Ray，就会出现【V-Ray物理摄像机】和【V-Ray穹顶模式的半球摄像机】，【V-Ray物理摄像机】可以模拟真实相机的结构原理，包括镜头、光圈、快门和景深等。

【V-Ray物理摄像机】功能强大，参数也很庞杂，对于初学者来说有一定的难度，其实在效果图中所用到的参数并不多，景深和散景特效一般情况下不会用到，基本属性是学习的重点和难点。这里面主要有三大功能：一是控制画面透视效果的一些参数；二是控制画面亮度的一些参数，这几个控制亮度的参数虽然在解释上有所不同，但效果却很相似，所以一般只调整一两个参数就可以达到调整多个参数的效果；最后一个就是白平衡，它的主要功能就是控制画面的偏色效果。

【V-Ray物理摄像机】的【基本参数】卷展栏，如图15.9所示。

类型：在类型下拉列表中有三种相机类型：【照相机】主要模拟常规的静态画面的相机，也是在效果图中所用的一种相机类型；【电影相机】主要模拟电影相机效果；【视频相机】主要模拟录像机的镜头。

目标型：是否手动控制相机的目标点。

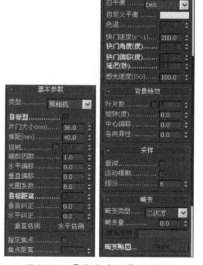

图15.9 【基本参数】卷展栏

片门大小：是指感光材料的对角尺寸，35mm的胶片是最流行的胶片画幅，也就是常说的照片底版（负片）大小，该数值越大画幅也就会越大，透视越强，所看到的画面也越多。

焦距：控制相机的焦长，同时也会影响到画面的感光强度。较大的数值效果类似于长焦效果，且感光材料（胶片）就会越暗，特别是胶片边缘的区域会更暗，较小数值的效果类似于广角效果，透视感强，胶片就会越亮。

视域：控制相机的视角大小，与（焦长（mm））功能相似，只是该功能只改变画面的透视效果，不会影响到画面的感光强度。

光圈系数：光圈系数就是控制光通过镜头到达胶片所通过孔的大小，数值越大胶片感光就越强，反之就越弱。

扭曲：扭曲效果是由下面的扭曲类型来控制的。

垂直变形：可以控制在垂直方向的透视效果，类似于相机修正功能。

指定焦点：勾选该选项后，可以用下面的焦点距离选项来改变相机目标点到相机镜头的距离。

曝光：勾选此参数后，改变场景亮度一些选项光圈、快门、感光系数才能起作用。

虚光：该功能可以模拟真实相机的虚光效果，也就是画面中心部分比边缘部分的光线亮。如图15-10左所示是不勾选时的效果，如图15.10右所示是勾选后的效果。

图15.10　虚光效果

【白平衡】：真实相机所拍摄的画面和肉眼所看到的会有一定差别，这主要是由于相机不会像人的大脑一样会智能处理色彩信息。白平衡就是针对不同色温条件下，通过调整摄像机内部的色彩电路使拍摄出来的影像抵消偏色，更接近人眼的视觉习惯。白平衡可以简单地理解为在任意色温条件下，摄像机镜头所拍摄的标准白色经过电路的调整，且使之成像后仍然为白色，可以由右边的预设选项来定义白平衡，也可以由下面的手动白平衡选项来调节，如图15.11所示。

图15.11　白平衡效果

快门角度：当开启电影相机选项时，快门角度也会影响最终渲染图的亮度，但电影相机与静态相机中的快门速度功能是相似的。

快门偏移：当开启电影相机选项时，可以控制快门角度的偏移。

延迟（秒）：当开启视频相机选项时，该功能与静态相机中的快门速度功能相似。

感光速度（ISO）：不同的胶片感光系数对光的敏感度是不一样的，数值越高胶片感光度就越高，最后的图像（效果图）就会越亮，反之图像就会越暗。一般在渲染白天效果时可以使用较小的数值，这样就可以让胶片对光的敏感度低一些，可以避免画面曝光过度；而晚上可以使用较高的数值，这样可以避免曝光不足。

【采样】卷展栏，如图15.12所示。

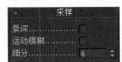

图15.12　【采样】卷展栏

【景深】：控制是否开启景深效果。当某一物体聚焦清晰时，从该物体前面的某一段距离到其后面的某一段距离内的所有景物也都是相当清晰的，焦点相当清晰的这段从前到后的距离就叫做"景深"，景深效果可以让画面清晰的区域更引人注目，也可以凸显视觉中心效果，如图15.13所示，但是开启景深功能后会大大增加渲染时间。

运动模糊：控制是否开启运动模糊功能，它只适用于有运动画面的物体，对静态画面不起作用。

细分：对景深和运动模糊功能的细分采样，数值越高效果越好，但渲染时间就越长。

【背景特效】卷展栏，如图15.14所示。

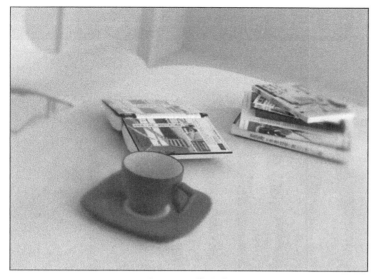

图15.13　景深效果

图15.14　【背景特效】卷展栏

【叶片数】：勾选该选项后可以改变散景后的形状边数数值，数值越大边数就越多，也就越接近圆形。

旋转：控制边缘形状的旋转角度。

中心偏移：控制边缘形状的偏移值。

各项异性：控制边缘形状的变形强度，数值越大形状就越长。

【背景特效】可以实现镜头特殊的模糊效果，对于有景深效果的模糊区域会产生松散的画面效果，也就是"散景"，如图15.15所示。

【其他】卷展栏，如图15.16所示。

图15.15　背景特效效果

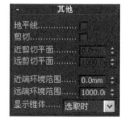

图15.16　【其他】卷展栏

地平线：是否显示地平线标志。

剪切：开启该选项后，下面的近景剪切和远端剪切选项才可用，该功能可以剪切数值以外的场景画面。

近端环境范围/远端环境范围：与3ds Max中相机的环境范围中的近景剪切和远端剪切功能相同，主要是针对环境面板中的特效范围。

15.6 课后练习

1. 制作室内客厅灯光，如图15.17所示。

图15.17　参考效果

2. 使用摄影机调整相机镜头，如图15.18所示。

图15.18　参考效果

第16课
制作客厅效果图

随着人们生活水平的逐步提高，客厅已经从过去的综合起居空间成为独立的，存在于居室当中。客厅会给来访者最深刻的印象，它默默地体现了主人的风格气质，表达着家人对来宾的情感。因此，客厅在一定程度上标志着主人的身份、地位和情趣。装修、布置好客厅，是居室装修工程中极其重要的一部分。

本课内容：

- 设计理念
- 制作流程分析
- 空间模型的搭建
- 调制细节材质
- 调入模型丰富空间
- 设置摄影机
- 设置灯光
- 渲染输出
- 后期处理

本课介绍制作一幅现代简洁风格的客厅效果图，如图16.1所示。

图16.1 客厅效果图

16.1 设计理念

客厅的设计主要把握三方面的要点：

1. 区域划分合理，协调统一。客厅一般划分为就餐区、会客区和学习区。就餐区应靠近厨房且用小屏风或人造矮墙隔断；学习区靠近客厅且大小适宜；会客区则要通道简洁、宽敞明亮、具备通透感。尽管没有明显的界定，但布局上要合理，保证会客区使用功能不受影响。同时，各个局部区域的美化格调要与全区的美化基调一致，使个性融于共性之中，体现总体协调。

2. 色彩基调有区别又有联系。总体说客厅大区要反映主人装修档次及艺术美觉；分体说各小区域要有特色。一般认为学习区光线透亮，采用较冷色，可以减弱学习疲劳；会客区既有不变的基调色彩，又要有因季节变换而随变的动景（如壁画）相配合，营造四季自然风光，给客厅增锦添辉。

3. 地面装饰讲究统一，切忌分割。前几年，人们常常喜欢给不同的区域地面赋予不同的材质和不同的"肤色"。表面上似乎很丰富，实际上有凌乱感。近年来，人们逐渐习惯于地面用一种材质处理，客观上收到较好的效果。

本例在设置灯光时，以人工光源作为场景中的主光源，在场景中建立目标聚光灯来模拟发光体的光照效果，并设置适当数量的灯光作为辅助灯光，从而模拟场景中物体的反光或漫反射效果，将辅助光源放置在反光物体附近，并且使它们的反光方向符合物理上的光反射定律。

16.2 制作流程分析

本课对客厅空间进行设计表现，首先搭建空间中的基本模型框架，空间中的家具等模型可以通过合并的方式从模型库中调入，这样节省了制作时间，然后为场景设计灯光，最终渲染输出。

1. 搭建模型设置相机：首先创建出整体空间墙体，设置相机固定视角，然后创建空间内的基本模型。

2. 调制材质，由于使用V-Ray渲染器渲染，在材质调制时运用了较多的V-Ray材质。此处主要调制整体空间模型的材质。

3．合并模型：空间中的家具模型均采用合并的方式将模型库中的模型合并到整体空间中，从而得到一个完整的模型空间。需要注意的是合并的模型一般已经调制了相应的材质，但有时为了实现特定的材质效果也需要对材质进行重新调制。

4．设置灯光：根据效果图要表现的光照效果设计灯光照明。

5．使用V-Ray渲染效果图：计算模型、材质和灯光的设置数据，输出整体空间的效果图。

6．后期处理：对效果图进行最终的润色和修改。

16.3 空间模型的搭建

在模型的搭建中首先搭建出整体空间，也就是主墙体的创建，然后在空间内设置相机，固定效果图的视角，在空间内创建基本模型，包括门、灯、装饰画、装饰墙面等。本例的空间模型效果，如图16.2所示。

图16.2　模型效果

16.3.1　创建墙体

本例中墙体主要是通过绘制截面，然后挤出生成得到，在门窗的部分利用了编辑多边形命令完成，整个空间是一个一体的多边形模型。整体空间完成后，设置相机固定视角。本例客厅墙体，如图16.3所示。

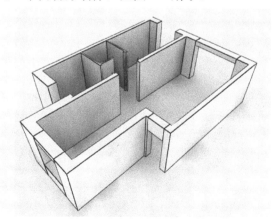

图16.3　墙体

01 在桌面上双击⑤图标，启动3ds Max 2012中文版应用程序，并将单位设置为"毫米"，如图16.4所示。

图16.4　设置单位

02 单击 矩形 按钮，在顶视图中绘制一个大小为11165mm×8500mm的参考矩形，然后

单击 线 按钮，在顶视图中绘制如图16.5所示的图形，并将其命名为"墙体"。

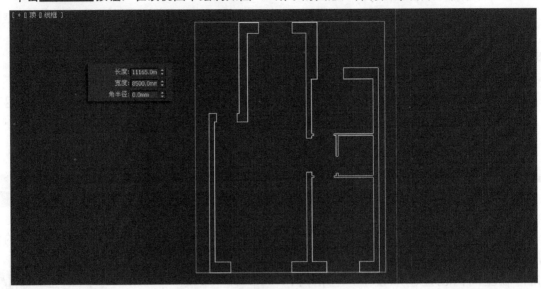

16.5 绘制二维图形

03 将参考的矩形删除。在视图中选中"墙体"，在修改器列表下选择【挤出】修改器，设置其参数，如图16.6所示。

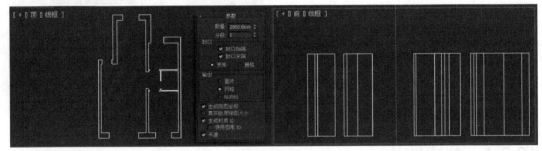

图16.6 挤出

04 单击 矩形 按钮，在顶视图中绘制两个矩形，然后在修改器列表下选择【挤出】修改器，设置其参数如图16.7所示。

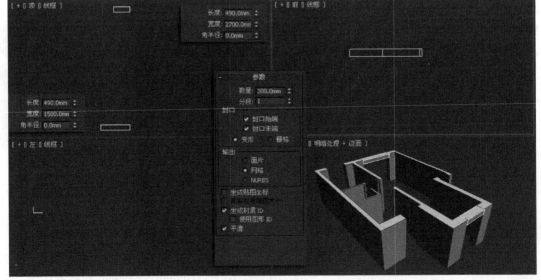

图16.7 挤出

05 单击 矩形 按钮，在顶视图中绘制三个矩形，然后在修改器列表下选择【挤出】修改器，设置其参数如图16.8所示。

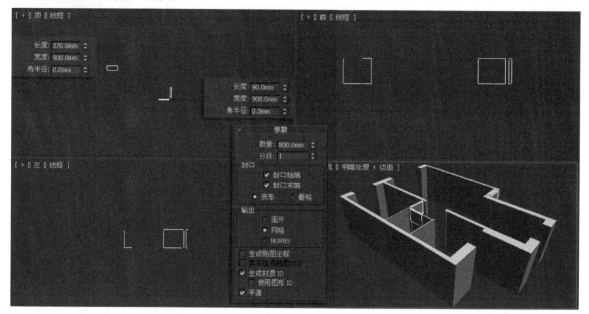

图16.8 挤出

06 单击 矩形 按钮，在顶视图中绘制一个大小为1770mm×1100mm的参考矩形，然后单击 圆 按钮，在顶视图中绘制一个半径为40mm的圆，按住键盘上的Shift键单击拖曳，将绘制的圆复制一个，如图16.9所示。

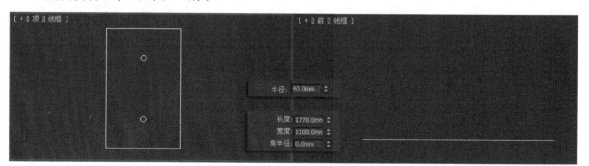

图16.9 绘制二维图形

07 在视图中选择绘制的矩形，单击鼠标右键，从弹出的快捷菜单中执行【转换为】/【转换为可编辑样条线】命令，在【几何体】卷展栏中单击 附加 按钮，将绘制的二维图形全部附加在一起，如图16.10所示。

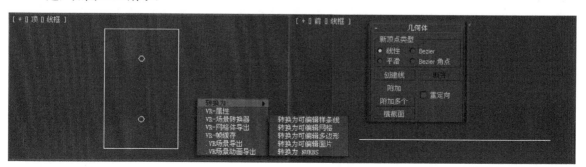

图16.10 附加

08 在修改器列表下选择【挤出】修改器，设置其参数，如图16.11所示。

图16.11　挤出

09 在视图中调整造型的位置，效果如图16.12所示。

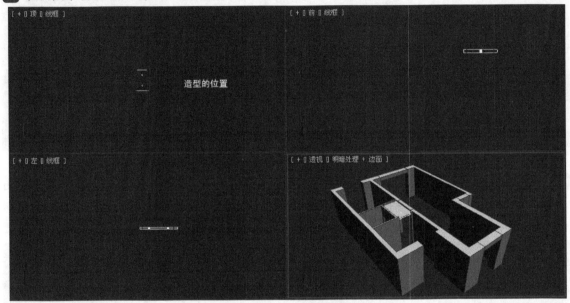

图16.12　调整造型的位置

10 单击 矩形 按钮，在顶视图中绘制一个大小为490mm×1500mm的矩形，然后在修改器列表下选择【挤出】修改器，如图16.13所示。

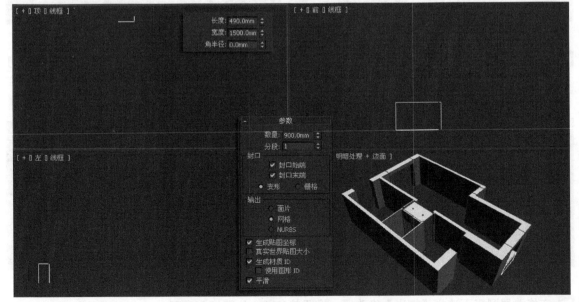

图16.13　挤出

16.3.2 创建吊顶

01 单击 矩形 按钮，在顶视图中绘制大小为6080mm×4110mm和4200mm×3430mm的矩形，然后将其转换为可编辑样条线，在【几何体】卷展栏中单击 附加 按钮，将绘制的矩形附加在一起。接下来在修改器列表下选择【挤出】修改器，设置其参数，如图16.14所示。

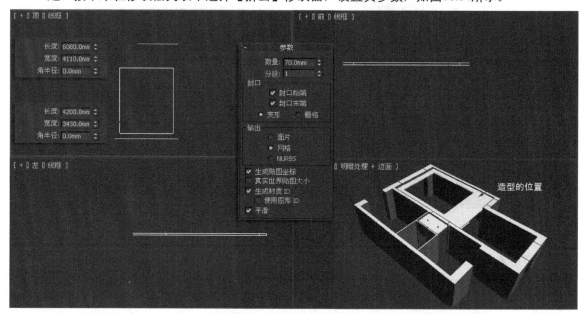

图16.14 造型的位置

02 按照上述的方法继续创建两个矩形，设置其参数，并在视图中调整造型的位置，如图16.15所示。

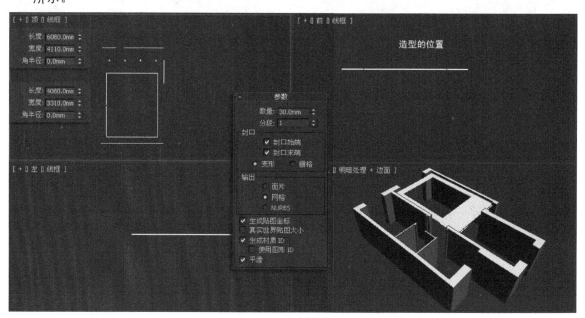

图16.15 挤出

03 单击 矩形 按钮，在顶视图中绘制一个大小为11150mm×8000mm的参考矩形，然后单击 线 按钮，在顶视图中绘制一条闭合的曲线，并将其命名为"天花板"，效果如图16.16所示。

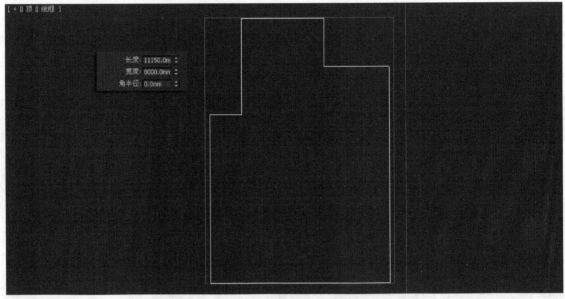

图16.16 绘制"天花板"

04 在视图中选中"天花板",然后在修改器列表下选择【挤出】修改器,设置其参数,如图16.17所示。

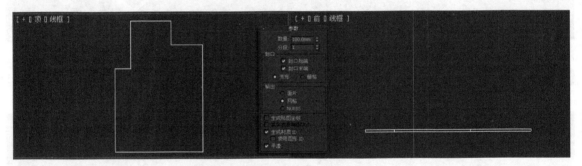

图16.17 挤出

05 在视图中调整造型的位置,如图16.18所示。

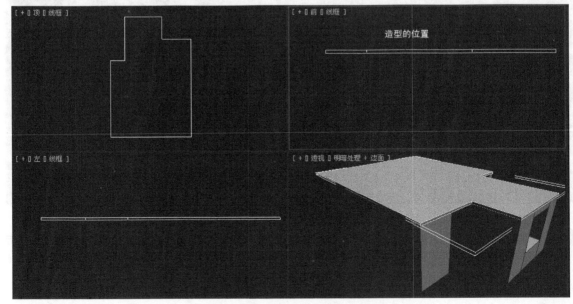

图16.18 调整造型的位置

06 单击 矩形 按钮，在顶视图中绘制一个大小为11251mm×7690mm的参考矩形，然后单击 线 按钮，在顶视图中绘制一个闭合的曲线，并将其命名为"地板"，如图16.19所示。

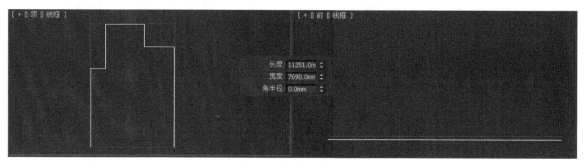

图16.19 绘制闭合曲线

07 将参考矩形删除，然后在修改器列表下选择【挤出】修改器，如图16.20所示。

图16.20 挤出

08 在视图中调整造型的位置，效果如图16.21所示。

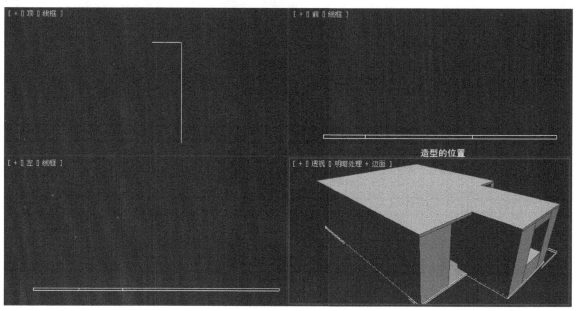

图16.21 调整造型的位置

16.3.3 创建其他事物

01 至此，现代客厅的墙体已经制作完成了。接下来开始制作客厅背景墙。

02 单击 矩形 按钮，在左视图中绘制一个大小为2500mm×4000mm的参考矩形，然后单

击 线 按钮,在左视图中绘制一条闭合的曲线,如图16.22所示。

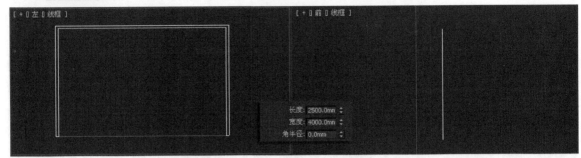

图16.22 绘制闭合曲线

03 将参考矩形删除,然后在修改器列表下选择【倒角】命令,设置其参数,如图16.23所示。

图16.23 倒角

04 单击 矩形 按钮,在左视图中绘制一个大小为602mm×700mm的矩形,然后在修改器列表下选择【倒角】修改器,将添加倒角值后的矩形复制8个,效果如图16.24所示。

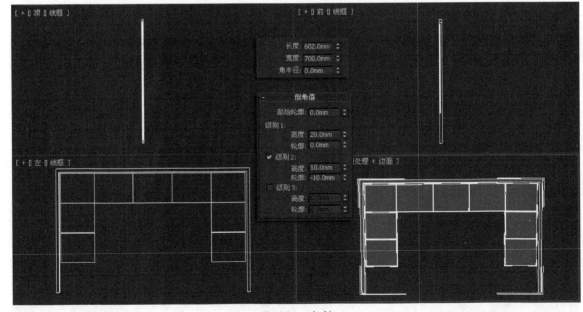

图16.24 复制

05 单击 矩形 按钮,在左视图中绘制一个大小为2098mm×618mm的矩形,然后在修改器列表下选择【倒角】修改器,设置其参数,如图16.25所示。

06 单击 线 按钮,在顶视图中绘制一条闭合的曲线,然后在修改器列表下选择【挤出】修改器,设置其参数,如图16.26所示。

图16.25 倒角

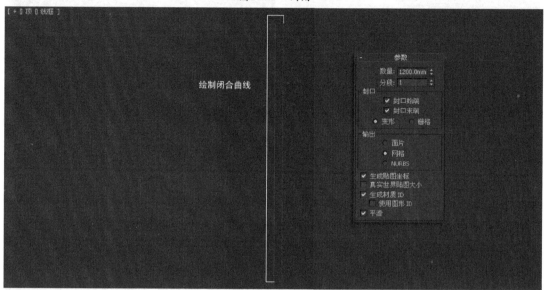

图16.26 挤出

07 在视图中调整造型的位置，效果如图16.27所示。

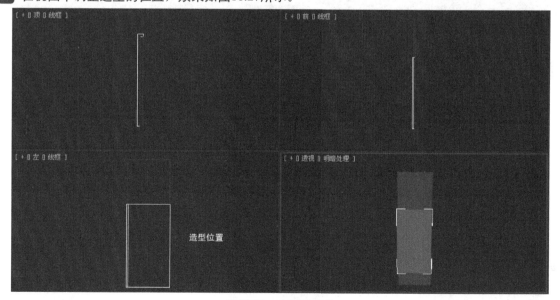

图16.27 造型的位置

08 按照上述的方法，在左视图中绘制两个矩形，然后将其转换为可编辑样条线，把矩形附加在一起，在修改器列表下选择【倒角】修改器，设置其参数，如图16.28所示。

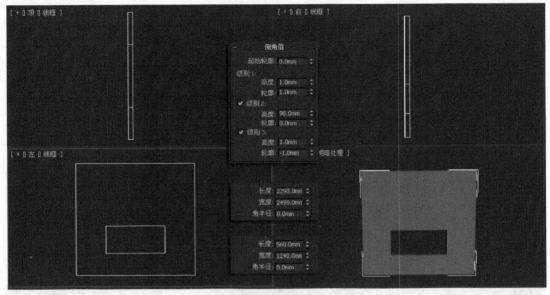

图16.28　倒角

09 按照上述的方法，在左视图中绘制一个大小为2098mm×618mm的矩形，然后设置倒角值。再单击 ▇▇线▇▇ 按钮，在左视图中绘制一条闭合的曲线，设置挤出值为1200mm，效果如图16.29所示。

图16.29　倒角

10 至此，电视背景墙已经全部制作完成了，效果如图16.30所示。

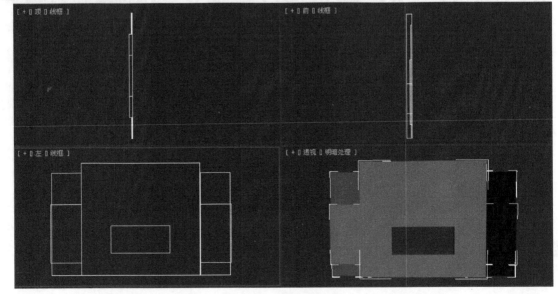

图16.30　电视背景墙

11 单击 矩形 按钮，在前视图中绘制一个大小为40mm×100mm的参考矩形，然后单击
    线 按钮，在前视图中绘制一条曲线，并将其命名为"筒灯"，如图16.31所示。

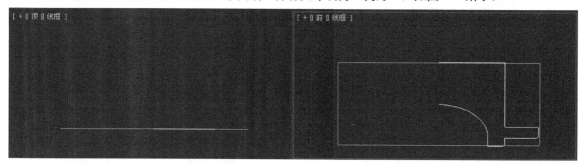

图16.31 绘制曲线

12 将参考矩形删除，然后在修改器列表下选择【车削】修改器，设置其参数，如图16.32所示。

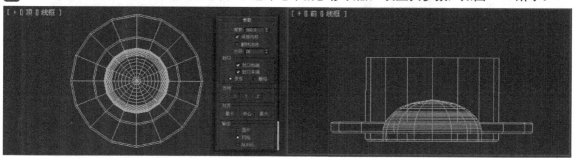

图16.32 车削

13 按住键盘上的Shift键单击拖曳，将"筒灯"复制8个，如图16.33所示。

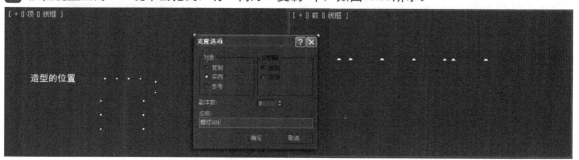

图16.33 复制

14 单击 切角长方体 按钮，在顶视图中创建一个切角长方体，然后在修改器列表中选择【噪波】修改
    器，并将其命名为"地毯"，设置其参数，如图16.34所示。

图16.34 噪波

16.4 调制材质

制作材质使整个空间富于活力。本实例中的整体色调为暖色调，体现夜晚客厅空间效果，在细节处应用了大理石和木纹材质，使空间体现层次感。如图16.35所示。

图16.35 材质效果

01 继续前面的操作，单击工具栏中 （渲染设置）按钮，打开【渲染设置】对话框，将V-Ray指定为当前渲染器，如图16.36所示。

图16.36 将V-Ray指定为当前渲染器

提示

本实例将采用V-Ray渲染器渲染输出效果图，同时将会使用V-Ray材质，这就需要首先指定V-Ray渲染器为当前渲染器，否则有些V-Ray材质在材质编辑器中不能显示出来。

02 单击工具栏中的 （材质编辑器）按钮，打开【材质编辑器】窗口，选择一个空白材质球，将材质指定为VRayMtl，并将材质命名为"墙体"，设置其参数，如图16.37所示。

03 在视图中选中"墙体"，单击 按钮，将材质赋予选中的造型。

图16.37 参数设置

04 选择一个新的材质示例球，并将其命名为"地砖"，将材质指定为VRayMtl，设置其参数，如图16.38所示。

图16.38 参数设置

05 在【贴图】卷展栏下单击【漫反射】后的 None 按钮，在弹出的【材质/贴图浏览器】对话框中选择【位图】选项，如图16.39所示。

图16.39 选择位图

06 在弹出的【选择位图图像文件】对话框中，选择随书光盘中的Maps/MPH82231.jpg位图文件，如图16.40所示。

图16.40 选择位图文件

07 单击【贴图】卷展栏下【反射】后的 None 按钮，在弹出的【材质／贴图浏览器】对话框中选择【衰减】选项，如图16.41所示。

图16.41 衰减

08 单击【漫反射】后的 Map #13 (MPH82231.jpg) 按钮，按住键盘上的Shift键单击拖曳，将贴图复制到【凹凸】选项下，设置其参数，如图16.42所示。

图16.42 复制

09 在视图中选中"地面"，并在修改器列表下选择【UVW贴图】修改器，设置其参数，如图16.43所示。

图16.43 UVW贴图

10 至此，"地砖"材质已经制作完成了，在视图中选中"地面"，单击 按钮，将材质赋予选中的造型。

11 选择一个新的材质示例球，将材质指定为VRayMtl，并将其命名为"砂岩"，设置其参数，如图16.44所示。

图16.44 参数设置

12 单击【贴图】卷展栏下【漫反射】后的 None 按钮，在弹出的【材质／贴图浏览器】对话框中选择【位图】选项，从【选择位图图像文件】对话框中选择随书光盘中的Maps/ 1175736607776.jpg位图图像文件，如图16.45所示。

图16.45 选择位图图像文件

13 在视图中选中"背景墙",并在修改器列表下选择【UVW贴图】修改器,设置其参数,如图16.46所示。

图16.46　UVW贴图

14 至此,"砂岩"材质已经制作完成了,在视图中选中"背景墙",单击 按钮,将材质赋予选中的造型,效果如图16.47所示。

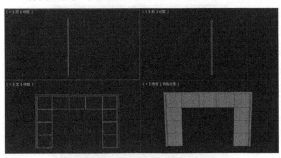

图16.47　贴图效果

15 选择一个新的材质示例球,将材质指定为VRayMtl,并将材质命名为"壁纸",设置其参数,如图16.48所示。

图16.48　参数设置

16 在【贴图】卷展栏下单击【漫反射】后的 None 按钮,在弹出的【材质／贴图浏览器】对话框中选择【位图】选项,在【选择位图图像文件】对话框中选择随书光盘中

的Maps/"壁纸 (11).jpg"位图图像文件,如图16.49所示。

图16.49　选择位图图像文件

17 在修改器列表下选择【UVW贴图】修改器,设置其参数,如图16.50所示。

图16.50　UVW贴图

18 至此,"壁纸"材质已经制作完成了,在视图中选中如图16.51所示的物体,单击 按钮,将材质赋予选中的造型。

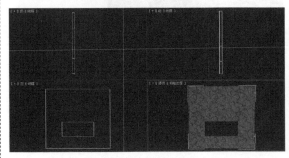

图16.51　贴图效果

19 在视图中选中如图16.52所示的物体,在【材质编辑器】中选中"砂岩"材质,单击 按钮,将材质赋予选中的造型。

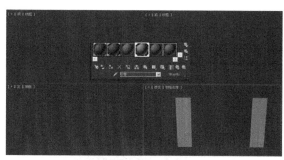

图16.52 "砂岩"材质

20 在修改器列表下选择【UVW贴图】修改器，设置其参数，如图16.53所示。

图16.53 UVW贴图

21 选择一个新的材质示例球，将材质指定为VRayMtl，并将材质命名为"木材"，在【贴图】卷展栏下单击【漫反射】后的 None 按钮，从随书光盘中添加Maps/"木纹(349).jpg"位图文件，如图16.54所示。

图16.54 选择位图文件

22 按照上述的方法，在【贴图】卷展栏下单击【反射】后的 None 按钮，在弹出的【材质／贴图浏览器】对话框中选择【衰减】选项，在【衰减参数】卷展栏中设置其参数，如图16.55所示。

图16.55 参数设置

23 在修改器列表下选择【UVW贴图】修改器，设置其参数，如图16.56所示。

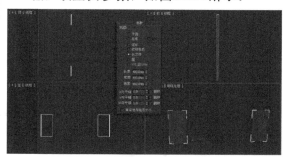

图16.56 UVW贴图

24 至此，"电视背景墙"的材质已经全部制作完成了，单击 按钮，将材质赋予选中的造型，效果如图16.57所示。

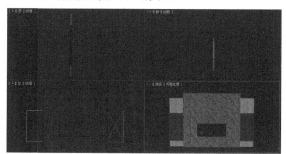

图16.57 贴图效果

25 选择一个新的材质示例球，将材质指定为VRayMtl，并将材质命名为"地毯"，接下来在【贴图】卷展栏中单击【漫反射】后的按钮，添加一幅名为"火系列01.jpg"位图文件，如图16.58所示。

图16.58 选择位图文件

26 选择一个新的材质示例球，将材质指定为
VRayMtl，并将材质命名为"金属"，设置
其参数，如图16.59所示。

27 在视图中选中"筒灯"，单击 按钮，将
材质赋予选中的造型。

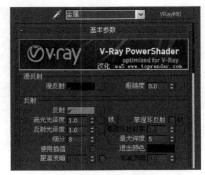

图16.59 参数设置

16.5 模型调入丰富空间

家具也是室内效果图制作的一个重点，选择的家具要符合装
饰设计的风格。时尚、简约的设计风格侧重于家具的功能性和造型的个性化。合并家具模型
时，如果场景中已有模型、材质与合并场景
模型、材质有重名现象时，需要特别注意。
调入家具后的效果，如图16.60所示。

02 在弹出的对话框中单击 全部(A) 按钮，选中所
有的模型部分，将它们合并到场景中，如图
16.62所示。

图16.60 调入模型后的效果

01 继续前面的操作，执行 / 【导入】/【合
并】命令，在弹出的【合并文件】对话框
中，选择并打开随书光盘中的"模型"/
"第16课"/"客厅家具.max"文件，如图
16.61所示。

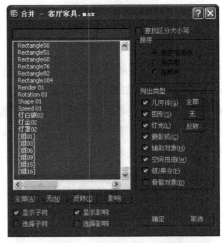

图16.62 合并所有模型部分

03 如果合并的模型与场景中的对象名称相同，
系统会弹出提示对话框，如图16.63所示。
单击 自动重命名 按钮，为合并进来的对象自动
重命名。

图16.61 合并命令

图16.63 重命名对象

04 在视图中调整合并后造型的位置，如图16.64所示。

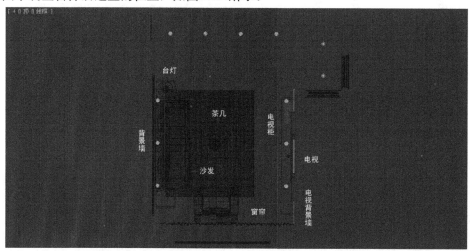

图16.64 调整造型的位置

16.6 设置摄影机

摄影机在效果图的制作中是非常重要的，调整摄影机视角时需要注意空间构图。在设置摄影机时用到了"摄影机校正"命令，该命令可以将摄影机更好地在空间中摆正。灯光则是增强效果图艺术性、真实性的重要手段之一。

01 单击创建面板中的 (摄影机) / 目标 按钮，在顶视图中创建一个摄影机，如图16.65所示。

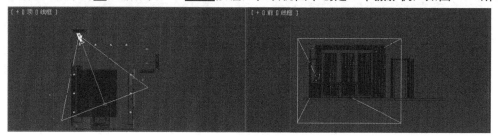

图16.65 创建摄影机

02 选中摄影机，在【参数】卷展栏下设置其参数，如图16.66所示。

03 激活透视图，按键盘上的C键，将其转换为相机视图，如图16.67所示。

至此，摄影机已经设置完成了。

图16.66 参数设置

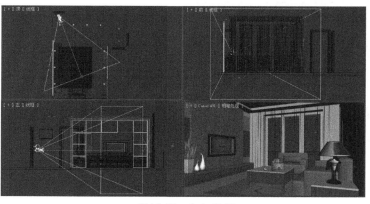

图16.67 相机视图

16.7 设置灯光

本实例所模拟的是夜晚的光线效果，主要是室内筒灯和天光照亮室内空间，这种光照效果经常用于夜晚室内客厅。

01 单击 / VRay / VR_光源 按钮，在前视图中创建一盏【VR-光源】，命名为【天光】，用于模拟夜晚室外投射进来的光线，设置其参数，如图16.68所示。

02 在视图中调整灯光的位置，使其从窗户的位置投射到室内，如图16.69所示。

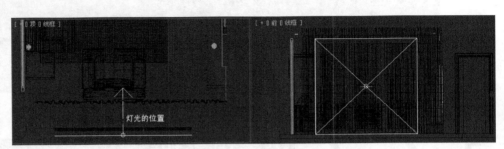

图16.68 参数设置　　　　　　　　　　　　图16.69 调整灯光的位置

03 按住键盘上的Shift键单击拖曳，将"天光"复制一个，并在视图中调整灯光的位置，如图16.70所示。

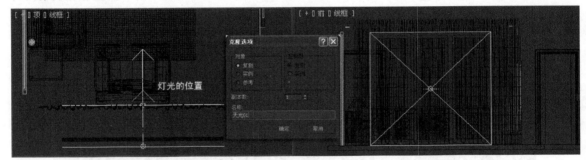

图16.70 调整灯光的位置

04 单击工具栏中的 （渲染）按钮，渲染观察设置"天光"后的效果，如图16.71所示。

05 单击 / 光度学 / 目标灯光 按钮，在前视图中创建一盏【目标灯光】，命名为"筒灯灯光"，设置其参数，如图16.72所示。

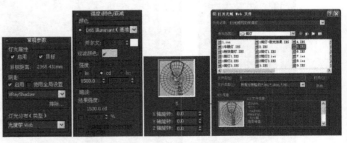

图16.71 渲染效果　　　　　　　　　　　　图16.72 参数设置

06 在视图中调整灯光的位置，如图16.73所示。

图16.73 调整灯光的位置

07 按住键盘上的Shift键单击拖曳，将"筒灯灯光"复制11个，如图16.74所示。

图16.74 复制灯光

08 单击工具栏中的 ![渲染] （渲染）按钮，渲染观察设置"筒灯灯光"后的效果，如图16.75所示。

09 单击 ![] / VRay / VR_光源 按钮，在前视图中创建一盏【VR-光源】，命名为"灯带"，设置其参数，如图16.76所示。

图16.75 渲染效果

图16.76 参数设置

10 在视图中调整"灯带"的方向和位置，如图16.77所示。

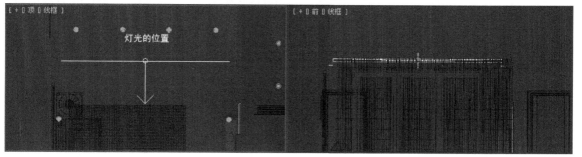

图16.77 灯光的位置

11 单击工具栏中的 ▣（镜像）按钮，将"灯带"镜像复制一个，如图16.78所示。

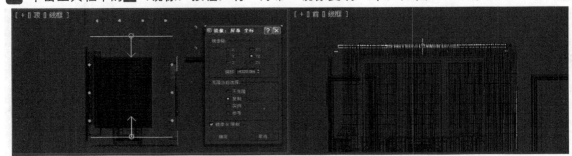

图16.78 镜像

12 单击 VR_光源 按钮，在前视图中创建一盏【VR-光源】，命名为"灯带A"，设置其参数，如图16.79所示。

13 在视图中调整"灯带A"的方向和位置，如图16.80所示。

图16.79 参数设置

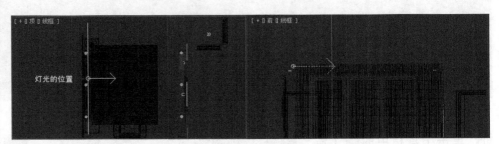

图16.80 灯光的位置

14 单击工具栏中的 ▣（镜像）按钮，将"灯带A"复制一个，设置其参数，如图16.81所示。

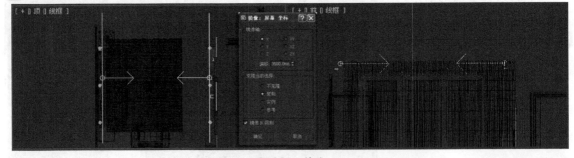

图16.81 镜像

15 单击工具栏中的 ▣（渲染）按钮，渲染观察设置"灯带"后的效果，如图16.82所示。

16 单击 VR_光源 按钮，在前视图中创建一盏【VR-光源】，命名为"台灯灯光"，设置其参数，如图16.83所示。

图16.82 渲染效果

图16.83 设置参数

17 单击工具栏中的■（渲染）按钮，渲染观察设置"台灯灯光"后的效果，如图16.84所示。

18 单击 VR_光源 按钮，在前视图中创建一盏【VR-光源】，命名为"补光"，设置其参数，如图16.85所示。

图16.84　渲染效果　　　　　图16.85　参数设置

19 单击工具栏中的■（渲染）按钮，渲染观察设置"补光"后的效果，如图16.86所示。

图16.86　渲染效果

16.8 渲染输出

材质和灯光设置完成后，需要进行的是渲染输出。渲染输出的过程是计算模型、材质及灯光的参数并生成最终效果图的过程。本节以客厅为例，介绍效果图的渲染输出方法。

01 打开材质编辑器，选中"地砖"材质，重新调整材质的反射参数，将其设置为较高的数值，如图16.87所示。

图16.87　参数设置

提示

在前面的材质设置中，为了提高预览渲染的速度，有些参数设置级别较低，这样虽然提高了渲染速度，但是渲染效果大打折扣。在渲染最终效果图时需要将这些参数设置到较高级别。

02 使用同样的方法处理其他反射效果较为明显的材质，在此不再赘述。

03 单击工具栏中的■（渲染设置）按钮，在打开的【渲染设置】对话框中，在【公用】

选项卡中设置一个较小的渲染尺寸，例如640×480。

04 在【VR-间接照明】选项卡中设置光子图的质量，此处的参数设置要以质量为优先考虑因素，如图16.88所示。

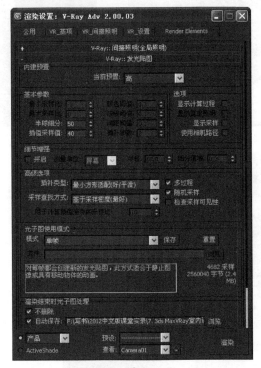

图16.88　参数设置

05 单击对话框中的 按钮渲染客厅视图，渲染结束后系统自动保存光子图文件，然后调用光子图文件，如图16.89所示。

06 在【VR-基项】选项卡中设置一个精度较高的抗锯齿方式，如图16.90所示。

07 在【公用】选项卡中设置一个较大的渲染尺寸，例如2000×1500。单击对话框中的 按钮渲染客厅，得到最终效果。

08 渲染结束后，单击渲染对话框中 按钮保存文件，选择TIF文件格式，并保存Alpha

通道。

09 至此，效果图的前期已经全部制作完成了。

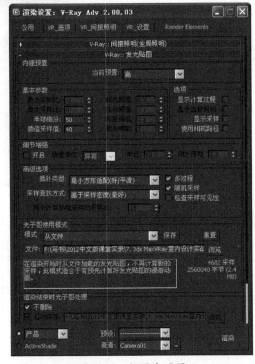

图16.89　调用光子图

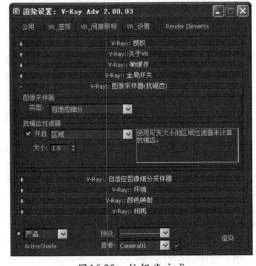

图16.90　抗锯齿方式

16.9 后期处理

使用3ds Max渲染生成的效果图在亮度、颜色方面可能会有所偏差，这就需要使用Photoshop进行最后的润色和修改。效果图的后期处理还包括添加一些装饰性的构件，如绿植等。本节以客厅效果图的后期处理为例，介绍客厅效果图的后期处理方法。

01 在桌面上双击 图标，启动Photoshop CS5应用程序。

02 执行【文件】/【打开】命令，打开前面渲染保存的"现代客厅.tif"文件，如图16.91所示。

图16.91　打开文件

03 执行【图像】/【调整】/【曲线】命令，调整图像的亮度，如图16.92所示。

图16.92　调整亮度

04 执行【图像】/【调整】/【色阶】命令，调整色阶，如图16.93所示。

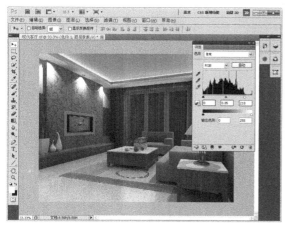

图16.93　调整色阶

05 激活工具箱中的 "椭圆选框工具"，选中效果图的中间部分，如图16.94所示。

图16.94　选择范围

06 执行【选择】/【修改】/【羽化】命令，羽化选区，如图16.95所示。

图16.95　羽化选择区

07 按快捷键Ctrl+Shift+I，反选选区，调整选区的曲线，如图16.96所示。

图16.96　调整曲线

08 执行【滤镜】/【锐化】/【锐化】命令，锐

化图像，如图16.97所示。至此，客厅效果
图的后期处理全部完成。

至此，现代客厅效果图已经全部制作完成。

图16.97 锐化图像

16.10 课后练习

1. 创建客厅墙体，如图16.98所示。

图16.98 参考效果

2. 客厅后期处理，如图16.99所示。

图16.99 参考效果

第17课
制作卧室效果图

倜若说客厅是展示给客人的一张外在脸谱，那么极具私密性的卧室则是私人风格的绝对体现了。相对于客厅或餐厅这些功能房，卧室是主人停留时间最多的房间，人生中三分之一的时间是在卧室内度过，因此卧室的个人风格将会更加明显。

本课内容：

- 设计理念
- 制作流程分析
- 空间模型的搭建
- 调制细节材质
- 模型调入丰富空间
- 设置摄影机
- 设置灯光
- 渲染输出
- 后期处理

本课介绍制作的是时尚卧室效果图，如图17.1所示。

图17.1 卧室效果图

17.1 设计理念

卧室是睡眠、休息的地方，因此设计要考虑宁静、稳重或浪漫、舒适的情调，创造一个完全属于个人的温馨环境，追求的是功能、形式的完美统一及优雅、独特、简洁、明快的设计风格。在设计卧室时要参照如下方面。

1. 床头背景墙是卧室设计中的重点，可以更多地运用了点、线、面等要素形式美的基本原则，使造型和谐统一而富于变化。皮料细滑、壁布柔软、榉木细腻、松木返璞归真、防火板时尚现代，材料上多元化的使用使质感得以丰富展现，使背景墙层次错落有致。

2. 卧室的地面应具备保暖性，一般宜采用中性或暖色调，材料可选用隔音效果好的地板、地毯等。

3. 吊顶的形状、色彩是卧室装饰设计的重点之一，一般以暖色调为主。

4. 卧室的灯光照明以温馨、暖和的黄色为基调，窗套上方可嵌筒灯或壁灯，也可在装饰柜中嵌筒灯，使室内更具舒适的温馨。

5. 卧室的家具不宜为多，必备的家具有床、床头柜、更衣橱、低柜、梳妆台。

6. 窗帘帷幔往往最具柔情主义。轻柔的摇曳、徐徐而动的娇羞、优雅的配色……浪漫温馨。

本例中以暖黄色的墙、深色木地板为整体色调，在视觉效果上使人感受到温馨、舒适。居室中的弧形门窗设计，加上欧式风格床、电视柜、吊灯等细节部分的装饰，整体凸显了古典欧式风格，室外阳光与室内柔和的灯光打造出卧室空间的暖意和温馨。

17.2 制作流程分析

本课对客厅空间进行设计表现，首先搭建空间中的基本模型框架，空间中的家具等模型可以通过合并的方式从模型库中调入，这样节省了制作时间，然后为场景设计灯光，最终渲染输出。

1．搭建模型，设置相机：首先创建出整体空间墙体，设置相机固定视角，然后创建空间内的基本模型。

2．调制材质：由于使用V-Ray渲染器渲染，在材质调制时运用了较多的V-Ray材质。此处主要调制整体空间模型的材质。

3．合并模型：空间中的家具模型均采用合并的方式将模型库中的模型合并到整体空间中，从而得到一个完整的模型空间。需要注意的是合并的模型一般已经调制了相应的材质，但有时为了实现特定的材质效果也需要对材质进行重新调制。

4．设置灯光：根据效果图要表现的光照效果设计灯光照明。

5．使用V-Ray渲染效果图：计算模型、材质和灯光的设置数据，输出整体空间的效果图。

6．后期处理：对效果图进行最终的润色和修改。

17.3　空间模型的搭建

在模型的搭建中首先搭建出整体空间，也就是主墙体的创建，然后在空间内设置相机，固定效果图的视角，然后在空间内创建基本模型，包括门、装饰画、装饰墙面，本例中的电视墙是一面抠凹的墙面，这也需要在模型创建中表现出来。本例的空间模型效果，如图17.2所示。

图17.2　空间模型

17.3.1　创建墙体

本例中墙体主要是通过绘制截面，然后挤出生成得到的，在门窗的部分利用了"编辑多边形"命令完成，整个空间是一个一体的多边形模型。整体空间完成后，设置相机固定视角。本例卧室墙体，如图17.3所示。

01 在桌面上双击 图标，启动3ds Max 2012中文版应用程序，并将单位设置为"毫米"，如图17.4所示。

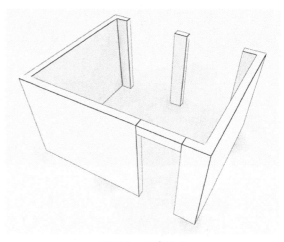

图17.3　卧室墙体

图17.4　设置单位

02 单击 矩形 按钮，在顶视图中绘制一个大小为4800mm×3900mm的参考矩形，然后单击 线 按钮，在顶视图中绘制如图17.5所示的图形，并将其命名为"墙体"。

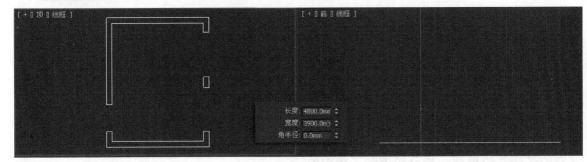

17.5 绘制二维图形

03 将参考矩形删除。在视图中选中"墙体"，在修改器列表下选择【挤出】修改器，设置其参数，如图17.6所示。

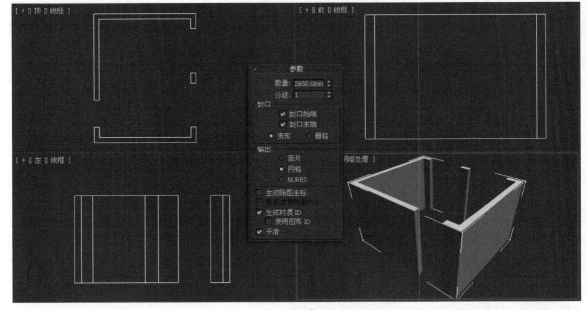

图17.6 挤出

04 单击 矩形 按钮，在顶视图中绘制一个大小为1000mm×200mm的矩形，并将其命名为"门顶"，然后在修改器列表下选择【挤出】修改器，设置其参数如图17.7所示。

图17.7 挤出

05 在视图中调整造型的位置，效果如图17.8所示。

06 单击 矩形 按钮，在顶视图中绘制一个大小为4800mm×3900mm的矩形，将其命名为"地面"，然后在修改器列表下选择【挤出】修改器，如图17.9所示。

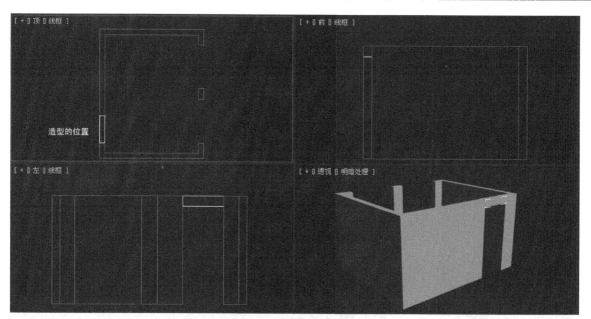

图17.8 调整造型的位置

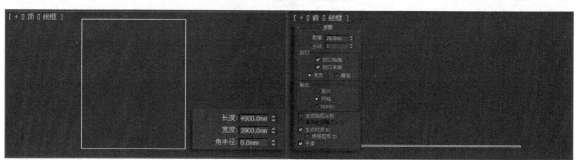

图17.9 挤出

17.3.2 创建装饰墙

01 单击 矩形 按钮，在前视图中绘制大小为2650mm×3500mm、967mm×1347mm的两个矩形，然后将绘制的矩形转换为可编辑样条线，在【几何体】卷展栏中单击 附加 按钮，在修改器列表下选择【挤出】修改器，设置其参数如图17.10所示。

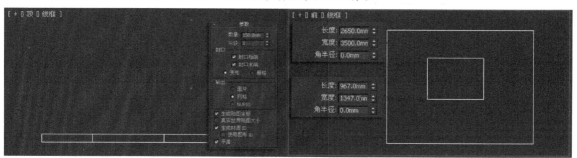

图17.10 挤出

02 在前视图中单击 矩形 按钮，在前视图中绘制一个大小为967mm×1347mm的矩形，并将其命名为"画框"，将"画框"转换为可编辑样条线，激活【样条线】子对象，然后在【几何体】卷展栏中单击 轮廓 按钮，设置其参数，如图17.11所示。

03 在修改器列表下选择【倒角】修改器，设置其参数如图17.12所示。

223

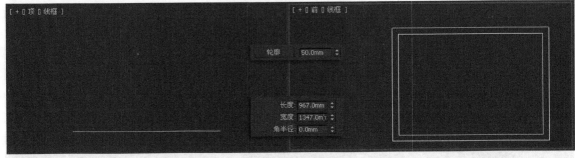

图17.11 轮廓

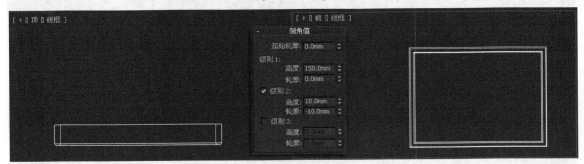

图17.12 倒角

04 单击 矩形 按钮，在前视图中绘制一个大小为600mm×1100mm的矩形，将其命名为"画框A"，然后在修改器列表下选择【挤出】修改器，如图17.13所示。

图17.13 挤出

17.3.3 创建其他事物

01 单击 矩形 按钮，在左视图中绘制一个大小为1700mm×820mm的矩形，并将其命名为"窗框"，将"窗框"转换为可编辑样条线，在修改器堆栈中激活【样条线】子对象，然后在【几何体】卷展栏中单击 轮廓 按钮，设置轮廓值为40mm，接着在修改器列表下选择【挤出】修改器，设置其参数如图17.14所示。

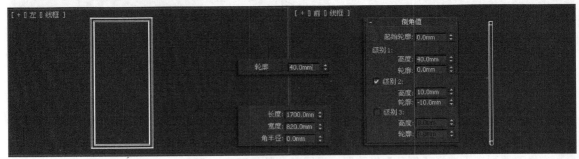

图17.14 挤出

02 按住键盘上的Shift键单击拖曳，将"窗框"复制一个，效果如图17.15所示。

图17.15 复制

03 单击 长方体 按钮，在左视图中创建大小为250mm×1800mm×200mm、700mm×1622mm×200mm的两个长方体，并分别命名为"顶墙"、"底墙"，效果如图17.16所示。

图17.16 创建长方体

04 执行【组】/【成组】命令，将创建的"窗框"、"顶墙"和"底墙"群组在一起，命名为"窗框"。

05 单击 长方体 按钮，在左视图中创建一个大小为250mm×1639mm×200mm的长方体，并将其命名为"顶墙A"，然后将"窗框"、"底墙"选中，按住Shift键单击拖曳复制一个，效果如图17.17所示。

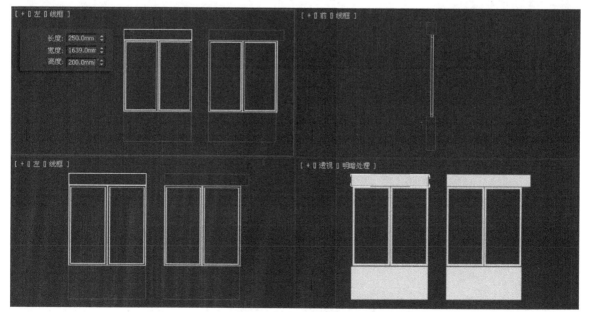

图17.17 复制

06 单击 矩形 按钮，在左视图中绘制一个大小为4400mm×500mm的矩形，然后单击 圆 按钮，设置半径为85mm，将其复制三个，效果如图17.18所示。

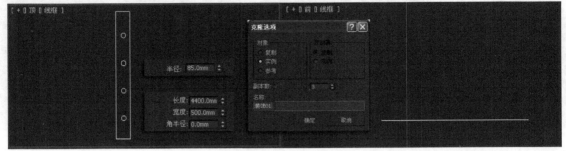

图17.18 复制

07 将绘制的图形转换为可编辑样条线，然后在【几何体】卷展栏中单击 附加 按钮，接下来在修改器列表下选择【挤出】修改器，命名为"装饰板"，设置其参数，如图17.19所示。

图17.19 挤出

08 单击 矩形 按钮，在前视图中绘制一个大小为70mm×90mm的参考矩形，然后单击 线 按钮，在前视图中绘制一条闭合的曲线，并将其命名为"筒灯"，效果如图17.20所示。

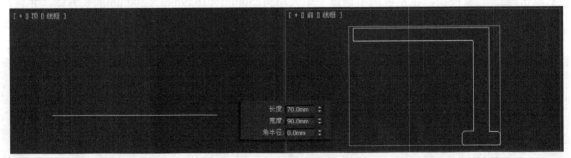

图17.20 绘制闭合的曲线

09 将参考矩形删除。在视图中选中"筒灯"，然后在修改器列表下选择【车削】修改器，设置其参数，如图17.21所示。

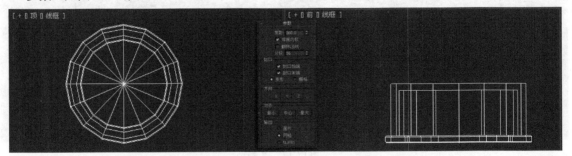

图17.21 车削

10 按住键盘上的Shift键单击拖曳，将"筒灯"复制三个，并在视图中调整造型的位置，效果如图17.22所示。

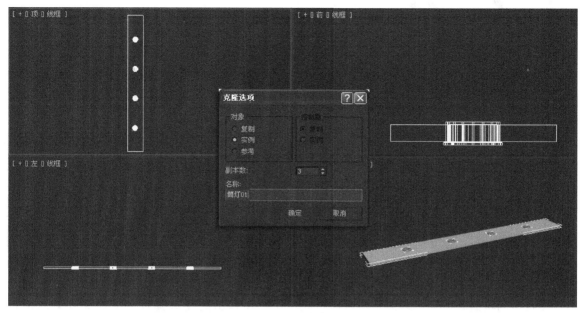

图17.22 复制

11 单击 矩形 按钮，在顶视图中绘制一个大小为4800mm×3900mm的矩形，然后在修改器列表下选择【挤出】修改器，并将其命名为"天花板"，设置其参数，如图17.23所示。

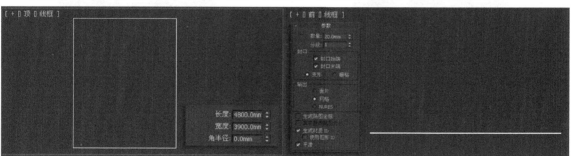

图17.23 挤出

12 单击 圆柱体 按钮，在顶视图中创建一个圆柱体，命名为"地毯"，设置参数如图17.24所示。

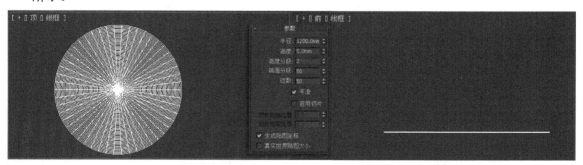

图17.24 创建"地毯"

13 至此，卧室空间模型的搭建已经全部制作完成。

17.4 调制材质

柔和的阳光从窗户照射到卧室，给人一种家的感觉，在细节处应用了木纹材质，使空间体现层次感。如图17.25所示。

图17.25　材质效果

01 单击工具栏中 （材质编辑器）按钮，打开【材质编辑器】窗口，选择一个空白材质球，命名为"墙体"，设置其参数，如图17.26所示。

图17.26　参数设置

02 在视图中选中"墙体"、"门顶"、"装饰板"、"天花板"、"窗框"和"画框"，单击 按钮，将材质赋予选中的造型。

03 选择一个新的材质示例球，并将其命名为"地板"，将材质指定为VRayMtl，设置其参数，如图17.27所示。

图17.27　参数设置

04 在【贴图】卷展栏下单击【漫反射】后的

None 按钮，在弹出的【材质/贴图浏览器】对话框中选择【位图】选项，如图17.28所示。

图17.28　选择位图

05 在弹出的【选择位图图像文件】对话框中，选择随书光盘中的Maps/kar_beech_cou_3str.jpg位图文件，如图17.29所示。

图17.29　选择位图文件

06 在【贴图】卷展栏下单击【反射】后的

None 按钮，在弹出的【材质/贴图浏览器】对话框中选择【衰减】选项，如图17.30所示。

图17.30　衰减

07 在【贴图】卷展栏中设置参数，如图17.31所示。

图17.31 参数设置

08 在修改器列表下选择【UVW贴图】修改器，设置其参数，如图17.32所示。

图17.32 UVW贴图

09 至此，"地板"材质已经制作完成。在视图中选中"地面"，单击 按钮，将材质赋予选中的造型。

10 选择一个新的材质示例球，命名为"壁纸"，然后在【贴图】卷展栏下单击【漫反射颜色】后的 None 按钮，在弹出的【材质／贴图浏览器】对话框中选择【位图】选项，在【选择位图图像文件】对话框中选择随书光盘中的Maps/hebz (154).jpg位图文件，如图17.33所示。

图17.33 选择位图图像文件

11 在修改器列表下选择【UVW贴图】修改

器，设置其参数，如图17.34所示。

图17.34 UVW贴图

12 至此，"壁纸"材质已经制作完成了，在视图中选中"装饰墙"，单击 按钮，将材质赋予选中的造型。

13 选择一个新的材质示例球，命名为"装饰画"，按照上述的方法从【选择位图图像文件】对话框中选择随书光盘中的Maps/"he装饰画 (24).jpg"位图图像文件，如图17.35所示。

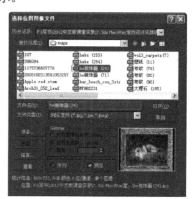

图17.35 选择位图图像文件

14 在视图中选中"画框A"，然后在修改器列表下选择【UVW贴图】修改器，设置其参数，如图17.36所示。

图17.36 UVW贴图

15 至此，"装饰画"材质已经制作完成了，在视图中选中"画框A"，单击▓按钮，将材质赋予选中的造型。

16 选择一个新的材质示例球，命名为"地毯"，在【贴图】卷展栏下单击【漫反射颜色】后的 None 按钮，按住上述的方法，在【选择位图图像文件】对话框中，选择随书光盘中的Maps/vol3_carpets(7).jpg位图文件，如图17.37所示。

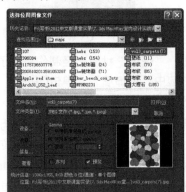

图17.37　选择位图文件

17 在修改器列表下选择【UVW贴图】修改器，设置其参数，如图17.38所示。

18 在修改器列表下选择【VR-置换修改】修改器，设置其参数，如图17.39所示。

图17.38　UVW贴图

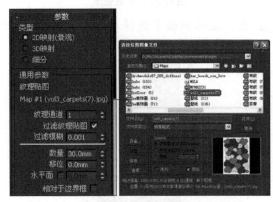

图17.39　参数设置

19 至此，"地毯"材质已经制作完成了，在视图中选中"地毯"，单击▓按钮，将材质赋予选中的造型。

17.5 模型调入丰富空间

　　家具也是室内效果图制作的一个重点，选择的家具要符合装饰设计的风格。本例中主要调入了床组合、吊灯和组合柜等模型。调入家具后的效果，如图17.40所示。

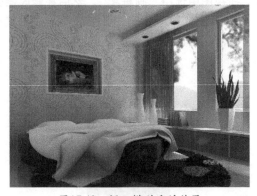

图17.40　调入模型后的效果

01 继续前面的操作，执行▣/【导入】/【合并】命令，在弹出的【合并文件】对话框中，选择并打开随书光盘中的"模型"/

"第17课"/"家具.max"文件，如图17.41所示。

图17.41　合并命令

02 在弹出的对话框中单击 全部(A) 按钮，选中所有的模型部分，将它们合并到场景中，如图

17.42所示。

图17.42 合并所有模型部分

03 如果合并的模型与场景中的对象名字相同，系统会弹出提示对话框，如图17.43所示。单击 自动重命名 按钮，为合并进来的对象自动重命名。

图17.43 重命名对象

04 在视图中调整合并后造型的位置，如图17.44所示。

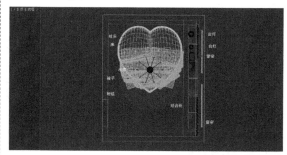

图17.44 调整造型的位置

17.6 设置摄影机

本节讲述的是卧室摄影机的设置，通过参数的设置及摄影机校正，使卧室效果更理想。

01 单击创建面板中的 （摄影机）/ 目标 按钮，在顶视图中创建一个摄影机，如图17.45所示。

02 选中摄影机，在【参数】卷展栏下设置其参数，如图17.46所示。

图17.45 创建摄影机 图17.46 参数设置

03 激活透视图，按键盘上的C键，将其转换为相机视图，如图17.47所示。

04 至此，摄影机已经设置完成了。

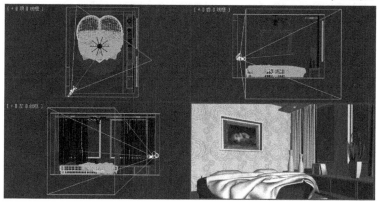

图17.47 相机视图

17.7 设置灯光

本实例所模拟的是白天的光线效果，主要是室外阳光照射室内空间，这种光照效果经常用于清晨卧室的效果。

01 单击 / VRay ☑ / VR_太阳 按钮，在前视图中创建一盏【VR-太阳】，命名为"主光"，用于模拟白天室外投射进来的光线，设置其参数，如图17.48所示。

02 在视图中调整灯光的位置，如图17.49所示。

图17.48 参数设置   图17.49 调整灯光的位置

03 单击工具栏中 （渲染）按钮，渲染观察设置"天光"后的效果，如图17.50所示。

图17.50 渲染效果

04 单击 VR_光源 按钮，在左视图中创建一盏【VR-光源】，命名为"天光"，如图17.51所示。

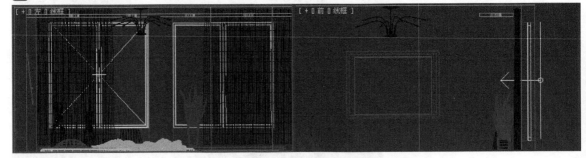

图17.51 创建灯光

05 在【参数】卷展栏中设置其参数，如图17.52所示。

06 单击工具栏中 （渲染）按钮，渲染观察设置"天光"后的效果，如图17.53所示。

图17.52　参数设置　　　　　　　　　　　图17.53　渲染效果

07 按住键盘上的Shift键单击拖曳，将"天光"复制一个，命名为"天光A"，并在视图中调整灯光的位置，如图17.54所示。

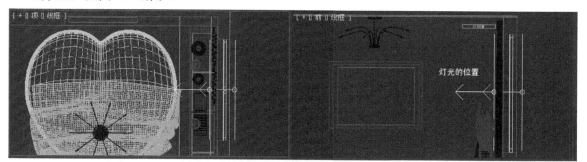

图17.54　调整灯光的位置

08 设置灯光的参数，如图17.55所示。

09 单击工具栏中的■（渲染）按钮，渲染观察设置"天光A"后的效果，如图17.56所示。

图17.55　参数设置　　　　　　　　　　　图17.56　渲染效果

10 在视图中选中"天光"，按住键盘上的Shift键单击拖曳，复制灯光，命名为"天光B"，如图17.57所示。

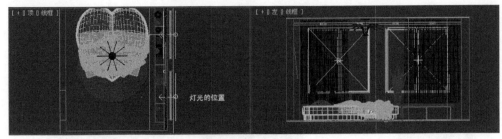

图17.57 复制灯光

11 单击工具栏中的 （渲染）按钮，渲染观察设置"天光B"后的效果，如图17.58所示。

图17.58 渲染效果

12 按住键盘上的Shift键单击拖曳，将"天光B"复制1个，命名为"天光C"，如图17.59所示。

图17.59 复制灯光

13 设置灯光的参数，如图17.60所示。

14 单击工具栏中的 （渲染）按钮，渲染观察设置"天光C"后的效果，如图17.61所示。

图17.60 参数设置

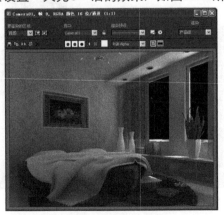

图17.61 渲染效果

15 单击 VR_光源 按钮，在顶视图中创建一盏【VR-光源】，命名为"台灯灯光"，如图17.62所示。

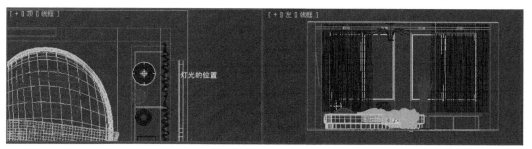

图17.62　创建灯光

16 设置灯光参数，如图17.63所示。

17 单击工具栏中的■（渲染）按钮，渲染观察设置"台灯灯光"后的效果，如图17.64所示。

图17.63　参数设置

图17.64　渲染效果

18 按住键盘上的Shift键单击拖曳，将"台灯灯光"复制1个，命名为"台灯灯光A"，如图17.65所示。

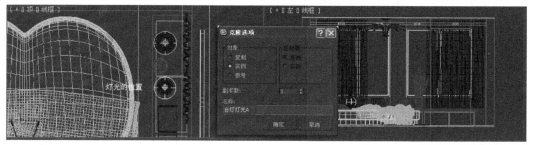

图17.65　复制灯光

19 设置灯光参数，如图17.66所示。

20 单击工具栏中的■（渲染）按钮，渲染观察设置"台灯灯光A"后的效果，如图17.67所示。

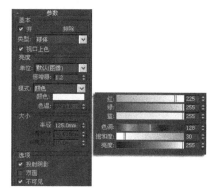

图17.66　参数设置

图17.67　渲染效果

17.8 渲染输出

材质和灯光设置完成后，需要进行渲染输出。渲染输出的过程是计算模型、材质及灯光的参数生成最终效果图的过程。本节以卧室为例，介绍效果图的渲染输出方法。

01 打开材质编辑器，选中"地板"材质，重新调整材质的反射参数，将其设置为较高的数值，如图17.68所示。

图17.68 参数设置

02 使用同样的方法处理其他反射效果较为明显的材质，在此不再赘述。

03 单击工具栏中的 （渲染设置）按钮，在打开的【渲染设置】对话框中，在【公用】选项卡下设置一个较小的渲染尺寸，例如640×480。

04 在【VR-间接照明】选项卡中设置光子图的质量，此处的参数设置要以质量为优先考虑因素，如图17.69所示。

图17.69 参数设置

05 单击对话框中的 按钮渲染客厅视图，渲染结束后系统自动保存光子图文件。然后调用光子图文件，如图17.70所示。

图17.70 调用光子图

06 在【VR-基项】选项卡中设置一个精度较高的抗锯齿方式，如图17.71所示。

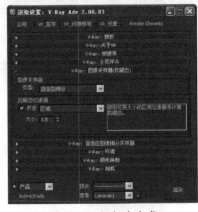

图17.71 抗锯齿方式

07 在【公用】选项卡下设置一个较大的渲染尺寸，例如2000×1500。单击对话框中的 按钮渲染客厅，得到最终效果。

08 渲染结束后，单击渲染对话框中的 按钮保存文件，选择TIF文件格式，并保存Alpha通道。

09 至此，效果图的前期已经全部制作完成了。

17.9 后期处理

使用3ds Max渲染生成的效果图在亮度、颜色方面可能会有所偏差，这就需要使用Photoshop进行最后的润色和修改。效果图的后期处理还包括添加一些装饰性的构件，如绿植等。本节以卧室效果图的后期处理为例，介绍卧室效果图的后期处理方法。

01 在桌面上双击 图标，启动Photoshop CS5应用程序。

02 执行【文件】/【打开】命令，打开前面渲染保存的"时尚卧室.tif"文件，如图17.72所示。

图17.72 打开文件

03 选中"背景层"，双击鼠标左键，使"背景"层变成"图层0"，如图17.73所示。

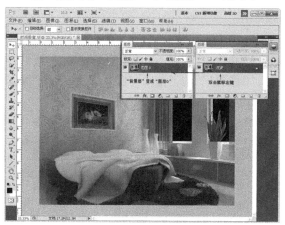

图17.73 图层

04 按住键盘上的Ctrl键，然后在【通道】面板里单击Alpha1通道，如图17.74所示。

05 执行【选择】/【反向】命令，然后按键盘上的Delete键，删除窗户中黑色部分，如图17.75所示。

图17.74 选中Alpha通道

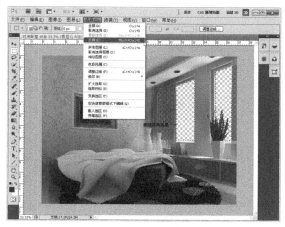

图17.75 删除

06 按键盘上的Delete键，进行第二次删除，使窗户处更透明，效果如图17.76所示。

图17.76 第二次删除

07 按快捷键Ctrl+D取消选区。执行【文件】/【打开】命令，在【打开】对话框中选择随书光盘中的Maps/"窗景.tif"位图文件，如图17.77所示。

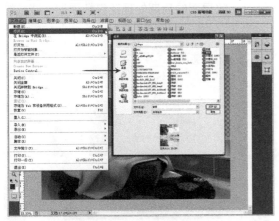

图17.77　打开位图文件

08 打开"窗景"位图文件后，如图17.78所示。

图17.78　位图文件

09 在工具箱中选中 （移动）工具，按住鼠标左键不放，将"窗景"拖动到"时尚卧室.tif"文件中，如图17.79所示。

图17.79　拖动位图文件

10 执行【编辑】/【自由变换】命令，如图17.80所示。

图17.80　自由变换

11 按住键盘上的Shift键，将"窗景"缩小至合适的大小，如图17.81所示。

图17.81　缩小位图文件

12 选中"图层1"，单击鼠标左键不放，将"图层1"向下拖动，使"图层1"在"图层0"的下方，如图17.82所示。

图17.82　调整图层位置

13 在"图层"面板中同时选中"图层0"和"图层1"，单击鼠标右键，在弹出的快捷菜单中选择【拼合图像】选项，如图17.83所示。

图17.83 拼合图像

14 执行【图像】/【调整】/【曲线】命令，调整图像的亮度，如图17.84所示。

图17.84 调整亮度

15 执行【图像】/【调整】/【色阶】命令，调整色阶，如图17.85所示。

图17.85 调整色阶

16 选中工具箱中的 "椭圆选框工具"，选中效果图的中间部分，如图17.86所示。

图17.86 选择范围

17 执行【选择】/【修改】/【羽化】命令，羽化选区，如图17.87所示。

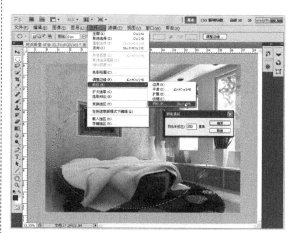

图17.87 羽化选区

18 按快捷键Ctrl+Shift+I，反选选区，调整选区的曲线，如图17.88所示。

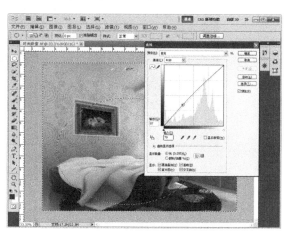

图17.88 调整曲线

19 执行【滤镜】/【锐化】/【锐化】命令,锐
化图像,如图17.89所示。至此,卧室效果
图的后期处理全部完成。

20 至此,时尚卧室效果图已经全部制作完成。

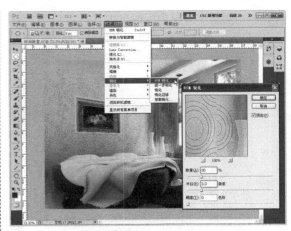

图17.89 锐化图像

17.10 课后练习

　　按照前面讲述的方法,首先确定客厅的风格及设计思路,然后在3ds Max中创建模型、制
作材质、调入模型、设置灯光,最后进行渲染输出,在Photoshop中做最后的处理,客厅参考效
果如图17.90所示。

图17.90 参考效果

第18课
制作书房效果图

　　书房是人们结束一天工作之后再次回到办公环境的一个场所。因此，它既是办公室的延伸，又是家庭生活的一部分，书房的双重性使其在家庭环境中处于一种独特的地位。由于书房的特殊功能，它需要一种较为严肃的气氛。同时，书房又是家庭环境的一部分，它要与其他居室融为一体，透露出浓浓的生活气息。所以书房作为家庭办公室，就要求在突显个性的同时融入办公环境的特性，让人在轻松自如的气氛中更投入地工作，更自由地休息。

本课内容：

- 设计理念
- 制作流程分析
- 空间模型的搭建
- 调制细节材质
- 模型调入丰富空间
- 设置摄影机
- 设置灯光
- 渲染输出
- 后期处理

本课制作的书房效果图，如图18.1所示。

图18.1 古典书房效果图

18.1 设计理念

　　如何将书房布置得更能体现主人的个性和内涵，其中大有学问。一般来说，书房的墙面、天花板色调应选用典雅、明净、柔和的浅色，如淡蓝色、浅米色、浅绿色。地面应选用木地板或地毯等材料，而墙面的用材最好用壁纸、板材等吸音较好的材料，以取得书房宁静的效果。

　　书房的功能和区间划分因人而异。书柜和写字桌可平行陈设，也可垂直摆放，或是与书柜的两端、中部相连，形成一个读书、写字的区域。书房形式的多变性改变了书房的形态和风格，使人始终有一种新鲜感。

　　本章中表现的是一长方形的空间内作为书房，其面积并不大，沿墙以整组书柜为背景，前面配上别致的写字台，全部的家具以深色调为主，体现书房的稳重感和宁静感，仿佛沉思中蕴藏的智慧。整体以现代中式为总设计风格，深色的木质家具配上四幅水墨画，是书房特色的体现；书柜中的装饰品及沙发的不锈钢材质，使设计中不失现代的美感。

18.2 制作流程分析

　　本课对书房空间进行设计表现，首先搭建空间中的基本模型框架，空间中的家具等模型可以通过合并的方式从模型库中调入，这样节省了制作时间，然后为场景设计灯光，最终渲染输出。

　　1. 搭建模型设置相机：首先创建出整体空间墙体，设置相机固定视角，然后创建空间内的基本模型。

2. 调制材质：由于使用V-Ray渲染器渲染，在材质调制时运用了较多的V-Ray材质。此处主要调制整体空间模型的材质。

3. 合并模型：空间中的家具模型均采用合并的方式将模型库中的模型合并到整体空间中，从而得到一个完整的模型空间。此处合并的模型包括"水墨画"、"电脑组合"、"装饰品"等，需要注意的是合并的模型一般已经调制了相应的材质，但有时为了实现特定的材质效果也需要对材质进行重新调制。

4. 设置灯光：根据效果图要表现的光照效果设计灯光照明，包括室外光和室内光。

5. 使用V-Ray渲染效果图：计算模型、材质和灯光的设置数据，输出整体空间的效果图。

6. 后期处理：对效果图进行最终的润色和修改。

18.3 空间模型的搭建

在模型的搭建中首先搭建出整体空间，也就是主墙体的创建，然后在空间内设置相机，固定效果图的视角，在空间内创建基本模型，包括窗、天花板、地面等。本例的空间模型效果，如图18.2所示。

图18.2　空间模型

本例中墙体主要是通过绘制截面，然后挤出生成得到的，在门窗的部分利用了编辑多边形命令完成，整个空间是一个一体的多边形模型。整体空间完成后，设置相机固定视角。本例卧室墙体，如图18.3所示。

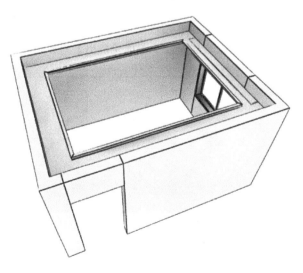

图18.3　墙体模型

01 在桌面上双击◙图标，启动3ds Max 2012中文版应用程序，并将单位设置为"毫米"。

02 单击 矩形 按钮，在顶视图中绘制一个大小为4800mm×3900mm大小的参考矩形，然后单击 线 按钮，在顶视图中绘制如图18.4所示的图形，并将其命名为"墙体"。

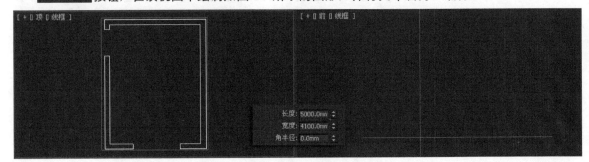

18.4 绘制二维图形

03 将参考矩形删除。在视图中选中"墙体"，在修改器列表下选择【挤出】修改器，设置其参数，如图18.5所示。

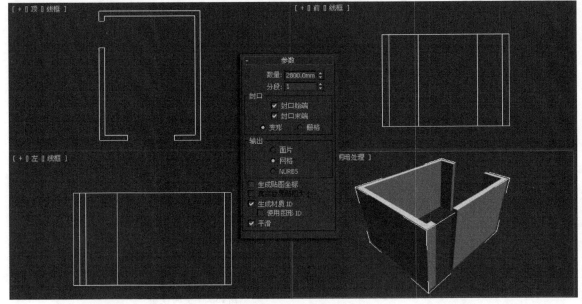

图18.5 挤出

04 单击 矩形 按钮，在顶视图中绘制一个大小为680mm×1000mm的矩形，并将其命名为"门顶"，然后在修改器列表下选择【挤出】修改器，设置其参数如图18.6所示。

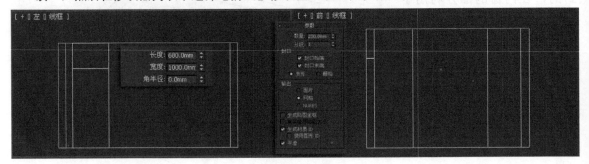

图18.6 挤出

05 单击 矩形 按钮，在前视图中绘制一个大小为70mm×70mm的参考矩形，然后单击

████ 绘 ████ 按钮，在前视图中绘制一条闭合的曲线，命名为"截面"，效果如图18.7所示。

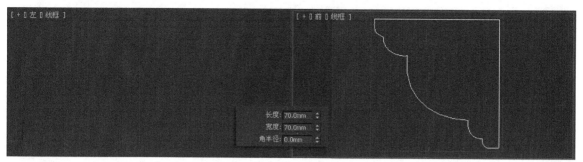

图18.7 绘制闭合的曲线

06 单击 ████ 矩形 ████ 按钮，在顶视图中绘制一个大小为4500mm×3500mm的矩形，并将其命名为"路径"，如图18.8所示。

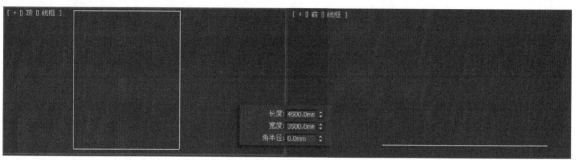

图18.8 绘制"路径"

07 在视图中选中"路径"，在修改器列表下选择【倒角剖面】修改器，如图18.9所示。

图18.9 【倒角剖面】修改器

08 在视图中选中"路径"，然后在【参数】卷展栏中单击 ████ 拾取剖面 ████ 按钮，最后在视图中单击"截面"。至此，"拾取剖面"完成了，如图18.10所示。

图18.10 拾取剖面

09 在视图中调整造型的位置，效果如图18.11所示。

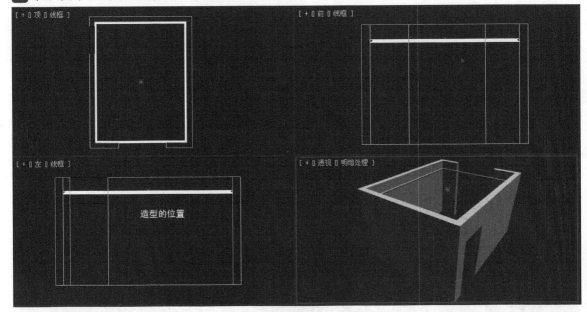

图18.11 调整造型的位置

10 单击 矩形 按钮，在顶视图中分别绘制大小为4500mm×3500mm、3665mm×2665mm的两个矩形，命名为"吊顶A"，然后将其转换为可编辑样条线，在【几何体】卷展栏中单击 附加 按钮，如图18.12所示。

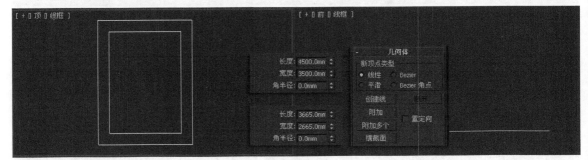

图18.12 附加

11 在修改器列表下选择【挤出】修改器，设置其参数，如图18.13所示。

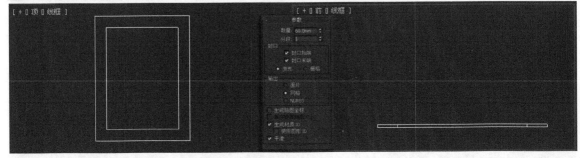

图18.13 挤出

12 在视图中调整造型的位置，效果如图18.14所示。

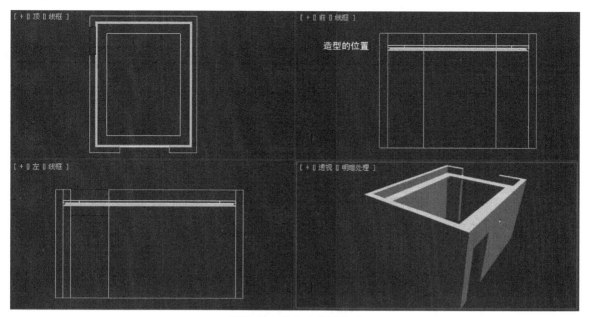

图18.14 调整造型的位置

13 单击 矩形 按钮，在顶视图中绘制一个大小为3665mm×2656mm的矩形，命名为"路径B"，如图18.15所示。

图18.15 绘制矩形

14 在视图中选中"路径B"，在修改器列表下选择【倒角剖面】修改器，然后在【参数】卷展栏中单击 拾取剖面 按钮，单击拾取前面绘制的"截面"，如图18.16所示。

图18.16 拾取剖面

15 在视图中调整造型的位置，效果如图18.17所示。

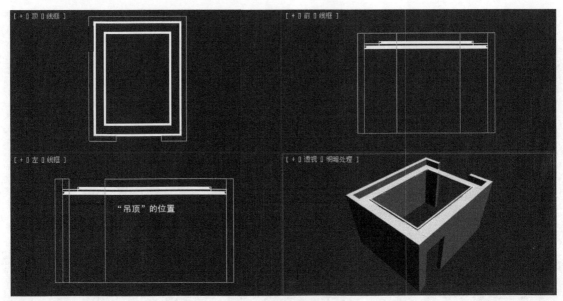

图18.17 调整造型的位置

16 单击 矩形 按钮，在前视图中分别绘制大小为1500mm×1699mm、1400mm×774mm、1400mm×774mm的三个矩形，效果如图18.18所示。

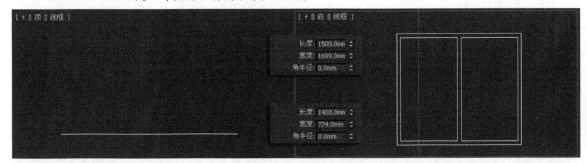

图18.18 绘制矩形

17 将绘制的矩形转换为可编辑样条线，然后在【几何体】卷展栏中单击 附加 按钮，将绘制的矩形全部附加在一起，并命名为"窗框"。

18 在修改器列表下选择【倒角】修改器，设置其参数，如图18.19所示。

图18.19 倒角

19 按照上述的方法，在前视图中绘制一个矩形然后设置轮廓值，接下来在修改器列表下选择【倒角】修改器，设置具体参数，如图18.20所示。

20 单击 长方体 按钮，在前视图中分别绘制大小为400mm×1799mm×200mm、800mm×1799mm×200mm的两个长方体，分别命名为"顶"和"底"，并在视图中调整造型的位置，效果如图18.21所示。

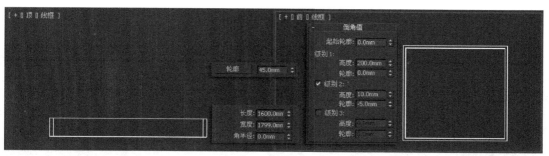

图18.20　倒角

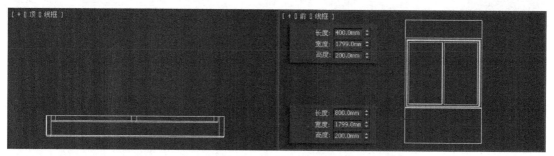

图18.21　调整造型的位置

21 至此，"门框"已经全部制作完成，效果如图18.22所示。

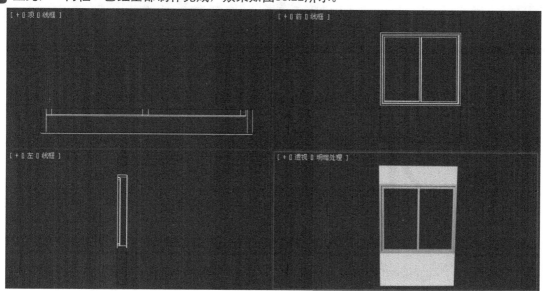

图18.22　模型效果

22 单击 矩形 按钮，在顶视图中绘制一个大小为4899mm×3900mm的矩形，命名为"地面"，然后在修改器列表下选择【挤出】修改器，设置其参数，如图18.23所示。

图18.23　创建"地面"

23 按照同样的方法，在顶视图中绘制一个大小为4899mm×390mm的矩形，命名为"天花板"，然后在修改器列表下选择【挤出】修改器，设置其参数，如图18.24所示。

图18.24 创建"天花板"

24 单击 切角长方体 按钮，在顶视图中创建一个大小为2027mm×1988mm×5mm的切角长方体，命名为"地毯"，设置其参数，如图18.25所示。

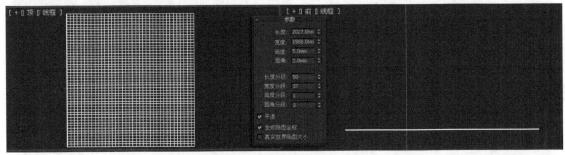

图18.25 创建"地毯"

至此，书房的模型已经全部制作完成。

18.4 调制材质

本课所表现的是现代中式书房设计，体现沉稳、宁静的效果。如图18.26所示。

图18.26 材质效果

01 继续前面的操作。单击工具栏中的 （渲染设置）按钮，打开【渲染设置】对话框，然后将V-Ray指定为当前渲染器，如图

18.27所示。

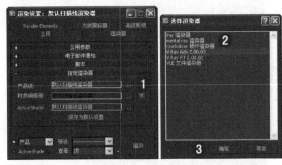

图18.27 指定渲染器

02 单击工具栏中的 "材质编辑器"按钮，打开【材质编辑器】窗口，选择一个空白材质示例球，将材质命名为"墙面"，设置其参数，如图18.28所示。

图18.28　参数设置

03 在视图中选中"墙体"、"门顶"、"天花板"、"窗框",单击 ██ 按钮,将材质赋予选中的造型。

04 选择一个新的材质示例球,并将其命名为"地板",将材质指定为VRayMtl,设置其参数,如图18.29所示。

图18.29　参数设置

05 在【贴图】卷展栏下单击【漫反射】后的 ██ None 按钮,在弹出的【材质 / 贴图浏览器】对话框中选择【位图】选项,如图18.30所示。

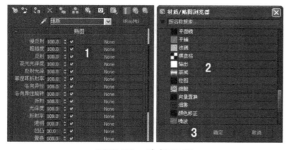

图18.30　选择位图

06 在弹出的【选择位图图像文件】对话框中,选择随书光盘中的Maps/kar_oak_sel_3str.jpg位图文件,如图18.31所示。

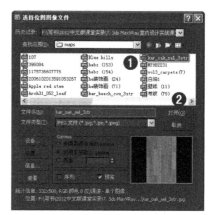

图18.31　选择位图文件

07 在【贴图】卷展栏下单击【反射】后的 ██ None 按钮,在弹出的【材质 / 贴图浏览器】对话框中选择【衰减】选项,如图18.32所示。

图18.32　衰减

08 在【衰减参数】卷展栏中设置参数,如图18.33所示。

图18.33　参数设置

09 在视图中选中"地面",为其添加一个【UVW贴图】修改器,设置其参数,如图18.34所示。

图18.34　UVW贴图

10 至此, "地板"材质已经制作完成。在视图中选中"地面",单击█按钮,将材质赋予选中的造型。

11 选择一个新的材质示例球,将材质指定为VRayMtl,命名为"地毯",在【贴图】卷展栏下单击【漫反射】后的 None 按钮,按照上述的方法,在【选择位图图像文件】对话框中,选择随书光盘中的Maps/ "地毯 (21).jpg"位图文件,如图18.35所示。

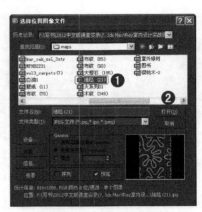

图18.35 选择位图文件

12 在视图中选中"地毯",然后在修改器列表下选择【VR-置换】修改器,设置其参数如图18.36所示。

13 至此, "地毯"材质已经制作完成了,在视图中选中"地毯",单击█按钮,将材质赋予选中的造型。

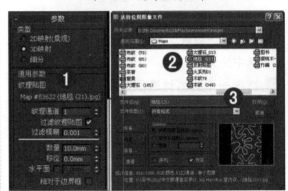

图18.36 参数设置

18.5 模型调入丰富空间

家具也是室内效果图制作的一个重点,选择的家具要符合装饰设计的风格。本例中主要调入了电脑组合、灯具和书橱中的装饰品等模型。调入家具后的效果,如图18.37所示。

图18.37 调入模型后的效果

01 继续前面的操作,执行█/【导入】/【合并】命令,在弹出的【合并文件】对话框中,选择并打开随书光盘"模型"/ "第

18课"/"书房家具.max"文件,如图18.38所示。

图18.38 合并命令

02 在弹出的对话框中单击 全部(A) 按钮,选中所有的模型部分,将它们合并到场景中,如图18.39所示。

03 如果合并的模型与场景中的对象名字相同，系统会弹出提示对话框，如图18.40所示。单击 自动重命名 按钮，为合并进来的对象自动重命名。

04 如果合并模型的材质与场景中的材质名字相同，系统会弹出提示对话框，如图18.41所示。单击 自动重命名合并材质 按钮，为合并进来的对象自动重命名。

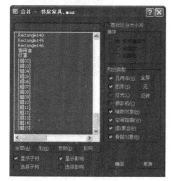
图18.39　合并所有模型部分

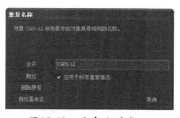
图18.40　重命名对象

图18.41　自动重命名合并材质

05 在视图中调整合并后造型的位置，如图18.42所示。

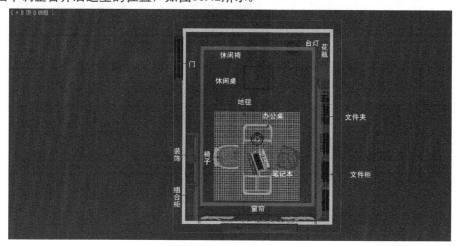
图18.42　调整造型的位置

18.6 设置摄影机

本节讲述的是书房摄影机的设置，通过参数的设置及剪切平面，使书房效果更理想。

01 单击创建面板中的 ？（摄影机）/ 目标 按钮，在顶视图中创建一个摄影机，如图18.43所示。

02 选中摄影机，在【参数】卷展栏下设置其参数，如图18.44所示。

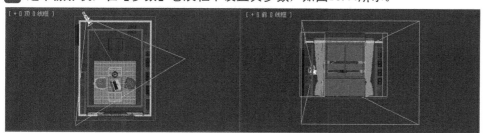
图18.43　创建摄影机

图18.44　参数设置

03 在【参数】卷展栏中勾选"手工剪切"选项，设置其参数，如图18.45所示。

04 在视图中调整摄影机的位置，如图18.46所示。

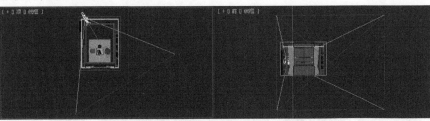

18.45 参数设置   图18.46 调整摄影机的位置

05 激活透视图，按键盘上的C键，将其转换为相机视图，如图18.47所示。

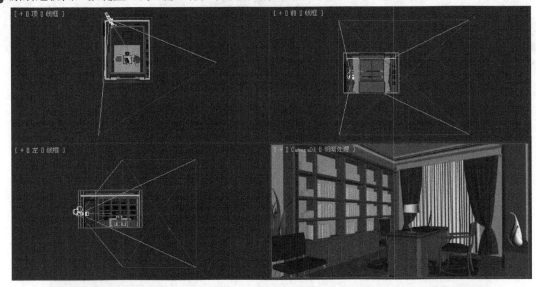

图18.47 相机视图

至此，摄影机已经设置完成了。

18.7 设置灯光

本课所模拟的是夜晚的光线效果，主要是室内灯具照亮室内空间，这种光照效果经常用于夜晚室内空间。

01 单击 ◤ / VRay ▼ / VR_光源 按钮，在前视图中创建一盏【VR-光源】，命名为"天光"，用于模拟夜晚室外投射进来的光线，设置其参数，如图18.48所示。

02 在视图中调整灯光的位置，如图18.49所示。

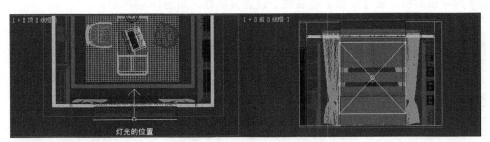

图18.48 参数设置   图18.49 调整灯光的位置

03 按住键盘上的 Shift 键单击拖曳，复制一盏 "天光"，命名为 "天光 A"，设置其参数，如图 18.50 所示。

04 单击工具栏中 ■ （渲染）按钮，渲染观察设置 "天光" 后的效果，如图18.51所示。

图18.50　参数设置　　　　　　　　　　　图18.51　渲染效果

05 单击 VR_光源 按钮，在左视图中创建一盏【VR- 光源】，命名为 "灯带灯光"，如图 18.52 所示。

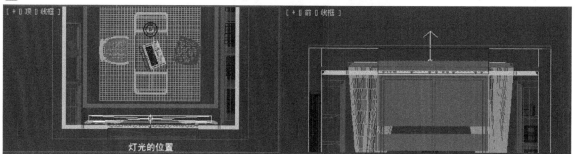

图18.52　创建灯光

06 在【参数】卷展栏中设置其参数，如图18.53所示。

07 单击工具栏中的 ■ （渲染）按钮，渲染观察设置 "灯带灯光" 后的效果，如图18.54所示。

图18.53　参数设置　　　　　　　　　　　图18.54　渲染效果

08 单击工具栏中 ■ （镜像）按钮，在视图中选中 "灯带灯光"，沿着Y轴镜像复制一个 "灯带灯光"，如图18.55所示。

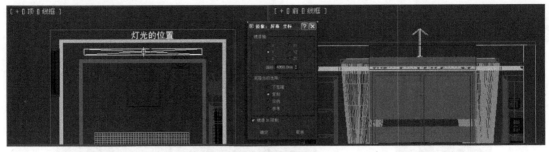

图18.55　调整灯光的位置

09 单击工具栏中的■（渲染）按钮，渲染观察设置"灯带灯光"后的效果，如图18.56所示。

图18.56　渲染效果

10 单击 VR_光源 按钮，在顶视图中创建一盏【VR-光源】，命名为"灯带灯光B"，如图18.57所示。

11 在【参数】卷展栏中设置参数，如图18.58所示。

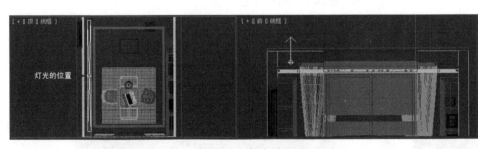

图18.57　灯光的位置　　　　　　　　　　　　　　　图18.58　参数设置

12 单击工具栏中的■（镜像）按钮，在视图中选中"灯带灯光B"，沿着X轴镜像复制一盏灯光，如图18.59所示。

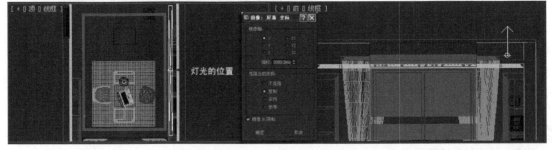

图18.59　参数设置

13 单击工具栏中 按钮，渲染观察设置"灯带灯光"后的效果，如图18.60所示。

图18.60 渲染效果

14 单击 VR_光源 按钮，在顶视图中创建一盏【VR-光源】，命名为"台灯灯光"，如图18.61所示。

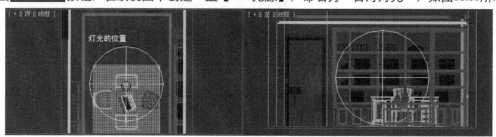

图18.61 创建灯光

15 设置灯光参数，如图18.62所示。

16 单击工具栏中 "渲染"按钮，渲染观察设置"台灯灯光01"后的效果，如图18.63所示。

图18.62 参数设置

图18.63 渲染效果

17 单击 VR_光源 按钮，在顶视图中创建一盏【VR-光源】，命名为"台灯灯光02"，如图18.64所示。

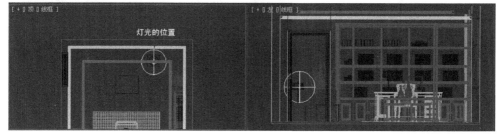

图18.64 创建灯光

18 设置灯光参数，如图18.65所示。

19 单击工具栏中的 ![icon] "渲染" 按钮，渲染观察设置"台灯灯光02"后的效果，如图18.66所示。

图18.65　参数设置

图18.66　渲染效果

20 单击 `VR_光源` 按钮，在顶视图中创建一盏【VR-光源】，命名为"补光"，如图18.67所示。

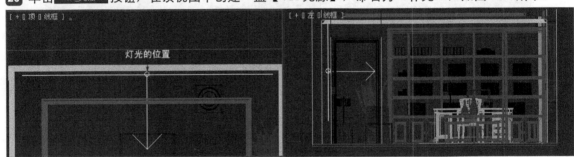

图18.67　灯光的位置

21 在【参数】卷展栏中设置其参数，如图18.68所示。

22 单击工具栏中的 ![icon] "渲染" 按钮，渲染观察设置"补光"后的效果，如图18.69所示。

图18.68　设置参数

图18.69　渲染效果

　　至此，灯光全部设置完成了。

18.8 渲染输出

材料和灯光设置完成后，需要进行渲染输出。首先将各反射明显的材质进行参数设置，使其渲染出来更精细。

01 打开材质编辑器，选中"地板"材质，重新调整材质的反射参数，将其设置为较高的数值，如图18.70所示。

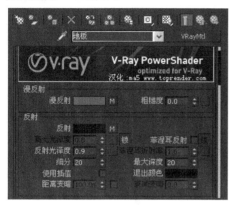

图18.70　参数设置

02 使用同样的方法处理其他反射效果较为明显的材质，在此不再赘述。

03 单击工具栏中的![渲染设置]（渲染设置）按钮，在打开的【渲染设置】对话框中，在【公用】选项卡中设置一个较小的渲染尺寸，例如640×480。

04 在【VR-间接照明】选项卡中设置光子图的质量，此处的参数设置要以质量为优先考虑因素，如图18.71所示。

图18.71　参数设置

05 在【VR-基项】选项卡中设置一个精度较高的抗锯齿方式，如图18.72所示。

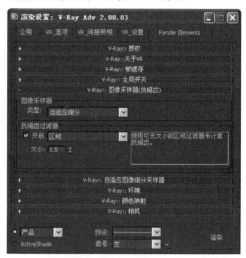

图18.72　抗锯齿方式

06 在【公用】选项卡下设置一个较大的渲染尺寸，例如2000×1500。单击对话框中的![渲染]按钮渲染书房，得到最终效果，如图18.73所示。

07 渲染结束后，单击渲染对话框中的![保存]按钮保存文件，选择TIF文件格式。

图18.73　参数设置

08 至此，效果图的前期已经全部制作完成了。

18.9 后期处理

使用3ds Max渲染生成的效果图在亮度、颜色方面可能会有所偏差，这就需要使用Photoshop进行最后的润色和修改。效果图的后期处理还包括添加一些装饰性的构件，如绿植等。本节以书房效果图的后期处理为例，介绍书房效果图的后期处理方法。

01 在桌面上双击 图标，启动Photoshop CS5应用程序。

02 执行【文件】/【打开】命令，打开前面渲染保存的"古典书房.tif"文件，如图18.74所示。

图18.74　打开文件

03 选中"背景层"，双击鼠标左键，使"背景"层变成"图层0"，如图17.75所示。

图18.75　图层

04 执行【图像】/【调整】/【曲线】命令，调整图像的亮度，如图18.76所示。

05 执行【图像】/【调整】/【色阶】命令，调整色阶，如图18.77所示。

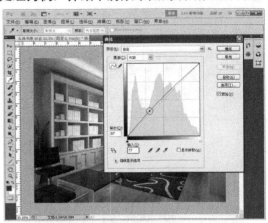

图18.76　调整亮度

图18.77　调整色阶

06 选中工具箱中的 "椭圆选框工具"，选中效果图的中间部分，如图18.78所示。

图18.78　选择范围

07 执行【选择】/【修改】/【羽化】命令，羽化选区，如图18.79所示。

图18.79 羽化选择区

08 按快捷键Ctrl+Shift+I，反选选区，调整选区的曲线，如图18.80所示。

图18.80 调整曲线

09 执行【滤镜】/【锐化】/【锐化】命令，锐化图像，如图18.81所示。至此，书房效果图的后期处理全部完成。

至此，效果图已经全部制作完成。

图18.81 锐化图像

18.10 课后练习

制作现代风格书房，体现书房的稳重感和宁静感，仿佛沉思中蕴藏的智慧。以夜景灯光处理效果，效果图表现丰富、真实，参考效果如图18.82所示。

图18.82　参考效果

第19课
制作厨房效果图

　　厨房已经不单单是一个只用来煮饭的单调空间，它不仅使人们承托了厨房劳作的辛苦，同时还开辟出了人们位于家中的一个休闲、娱乐、沟通的全新空间。

本课内容：

- 设计理念
- 制作流程分析
- 空间模型的搭建
- 调制细节材质
- 模型调入丰富空间
- 设置摄影机
- 设置灯光
- 渲染输出

本课介绍制作是餐、厨一体化式的厨房设计，效果如图19.1所示。

图19.1 厨房效果图

19.1 设计理念

　　本课所制作的是现代风格的厨房效果图。现代风格流行最为广泛，每个国家、每个品牌都会适时推出现代风格的款式。现代风格的厨具摒弃了华丽的装饰，在线条上简洁干净，更注重色彩的搭配。

　　选择厨房家具的色彩，主要应从家具色彩的色相、明度和厨房家具的环境、使用对象的家庭人口、文化素质等几方面来考虑。这是因为厨房家具色彩的色相和明度可以左右使用者的食欲和情绪，而厨房的使用者又决定了厨房多彩的喜好程度，因此，对家具色彩的选择应从几方面来考虑。由于家具设施在任何生活行为空间里所占的比例都比较大，家具的色彩往往会左右环境的色彩。因此，对厨房家具色彩的要求是能够表现出干净使人愉悦的特征。厨房家具的颜色通常中性色较少，而明度较高的色彩如白、乳白、淡黄等所占比例较大，能够刺激食欲的色彩，如橙红、橙黄、棕褐等跳跃颜色起搭配作用。但在较年轻使用者中，操作者一般都比较活泼，厨房家具的色彩可以使用比较热烈、活泼的原色，或明度与纯度都比较高的其他色彩，如红色、蓝色、绿色等。

19.2 制作流程分析

　　本课对厨房空间进行设计表现，首先搭建出整体户型空间，然后根据户型创建厨具，这也是模型创建的主体部分，后面就开始制作材质、设置灯光，以及最终渲染出图，做后期处理。

1. 搭建模型，设置相机：首先创建出整体空间墙体，设置相机固定视角，然后创建空间内的厨具等其他模型。

2. 调制材质：由于使用V-Ray渲染器渲染，在材质调制时运用了较多的V-Ray材质。此处主要调制整体空间模型的材质。

3. 合并模型：空间中的家具模型均采用合并的方式将模型库中的模型合并到整体空间中，从而得到一个完整的模型空间。此处合并的模型包括"餐桌椅"等，需要注意的是合并的模型一般已经调制了相应的材质，但有时为了实现特定的材质效果，也需要对材质进行重新调制。

4. 设置灯光：根据效果图要表现的光照效果设计灯光照明。

5. 使用V-Ray渲染效果图：计算模型、材质和灯光的设置数据，输出整体空间的效果图。

6. 后期处理：对效果图进行最终的润色和修改。

19.3 空间模型的搭建

在模型的搭建中首先搭建出整体空间，然后在空间内设置相机，根据空间创建厨具等造型。本例的空间模型效果，如图19.2所示。

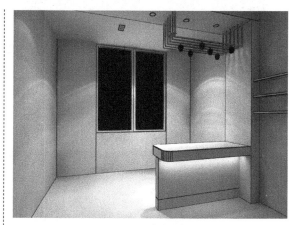

图19.2 空间模型

19.3.1 创建墙体

本例中墙体主要是通过绘制截面，然后挤出生成得到的。在门窗的部分利用了"编辑多边形"命令完成，整个空间是一个一体的多边形模型。整体空间完成后，设置相机固定视角。本例厨房墙体，如图19.3所示。

图19.3 墙体

01 在桌面上双击⑤图标，启动3ds Max 2012中文版应用程序，并将单位设置为"毫米"，如图19.4所示。

图19.4 设置单位

02 单击 矩形 按钮，在顶视图中绘制一个大小为3080mm×3030mm的参考矩形，然后单击 线 按钮，在顶视图中绘制如图19.5所示的图形，并将其命名为"墙体"。

图19.5　绘制二维图形

03 将参考矩形删除。在视图中选中"墙体"，在修改器列表下选择【挤出】修改器，设置其参数，如图19.6所示。

图19.6　挤出

04 单击 矩形 按钮，在前视图中绘制一个大小为1000mm×200mm的矩形，并将其命名为"窗框"，设置具体参数，如图19.7所示。

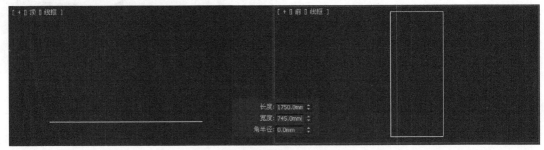

图19.7　绘制矩形

05 在视图中选中"窗框"，然后将其转换为可编辑样条线。

06 在修改器堆栈中激活【样条线】子对象，然后在【几何体】卷展栏中单击 轮廓 按钮，设置轮廓值为45mm，如图19.8所示。

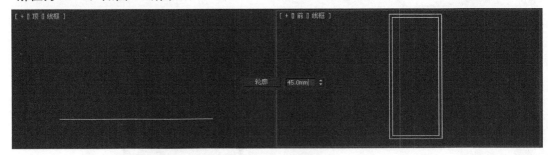

图19.8　轮廓

07 确认"窗框"处于选中的状态，在修改器列表下选择【挤出】修改器，设置其参数，如图19.9所示。

图19.9 挤出

08 按住键盘上的Shift键单击拖曳，复制一个"窗框"，如图19.10所示。

图19.10 复制

09 在视图中调整造型的位置，效果如图19.11所示。

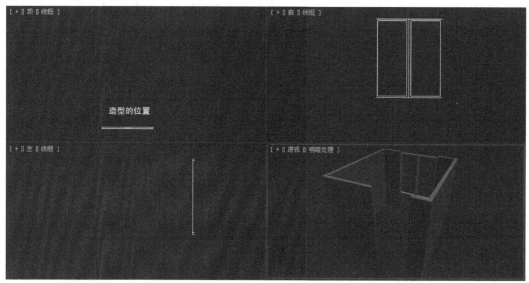

图19.11 调整造型的位置

10 单击 长方体 按钮，在顶视图中创建一个大小为3250mm×3000mm×50mm的长方体，将其命名为"地面"，如图19.12所示。

图19.12 创建地面

11 确认"地面"处于选中的状态，按住键盘上的Shift键单击拖曳进行复制，命名为"天花板"，如图19.13所示。

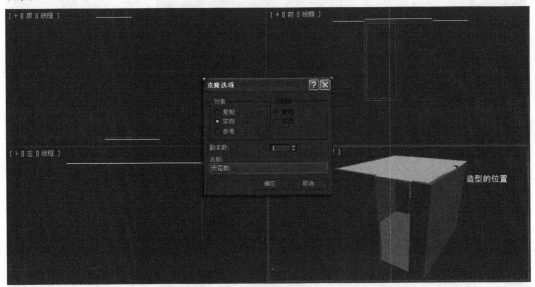

图19.13　复制

12 单击 矩形 按钮，在顶视图中绘制一个大小为97mm×1000mm的矩形，命名为"门顶"，然后在修改器列表下选择【挤出】修改器，设置挤出值为500mm，如图19.14所示。

图19.14　挤出

13 在视图中调整造型的位置，如图19.15所示。

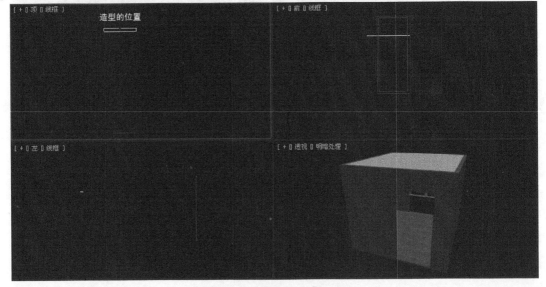

图19.15　调整造型的位置

19.3.2 创建装饰墙

01 单击 长方体 按钮，在顶视图中创建一个大小为500mm×2835mm×150mm的长方体，命名为"装饰墙"，如图19.16所示。

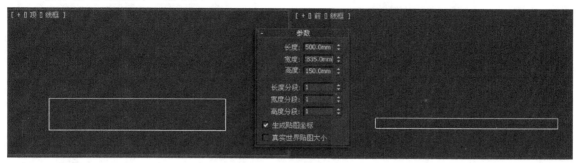

图19.16 创建装饰墙

02 单击 长方体 按钮，在顶视图中创建一个大小为500mm×150mm×2400mm的长方体，命名为"装饰墙A"，如图19.17所示。

图19.17 创建长方体

03 在视图中调整造型的位置，效果如图19.18所示。

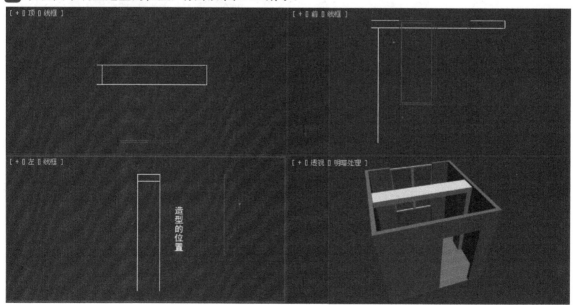

图19.18 调整造型的位置

04 单击 矩形 按钮，在前视图中绘制一个大小为34mm×1010mm的参考矩形，然后单击 线 按钮，在前视图中绘制一条曲线，命名为"金属架"，如图19.19所示。

05 在视图中选中"金属架"，将其转换为可编辑样条线，激活【样条线】子对象，然后在【几何体】卷展栏中单击 轮廓 按钮，设置轮廓值为15mm，如图19.20所示。

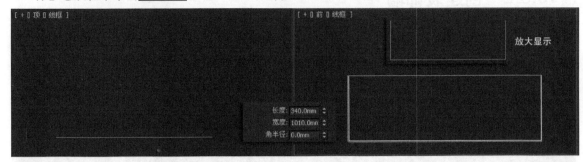

图19.19 绘制曲线

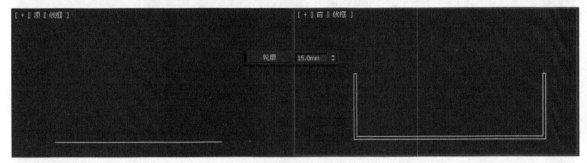

图19.20 轮廓

06 在视图中选中"金属架"，然后在修改器列表下选择【挤出】修改器，设置挤出值为15mm，如图19.21所示。

图19.21 挤出

07 按住键盘上的Shift键单击拖曳，复制5个"金属架"，如图19.22所示。

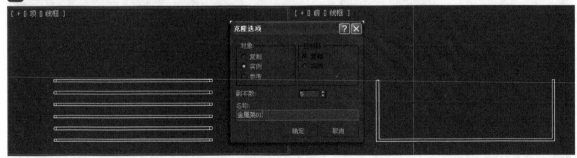

图19.22 复制

08 在视图中调整造型的位置，效果如图19.23所示。

09 单击 切角长方体 按钮，在顶视图中创建一切角长方体，命名为"搁板"，设置具体参数，如图19.24所示。

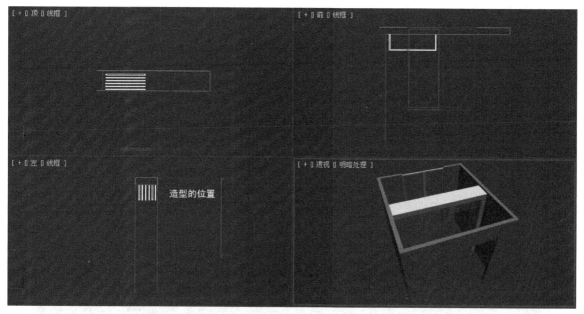

图19.23 调整造型的位置

图19.24 创建切角长方体

10 按住键盘上的Shift键单击拖曳，在视图中复制2个"搁板"，如图19.25所示。

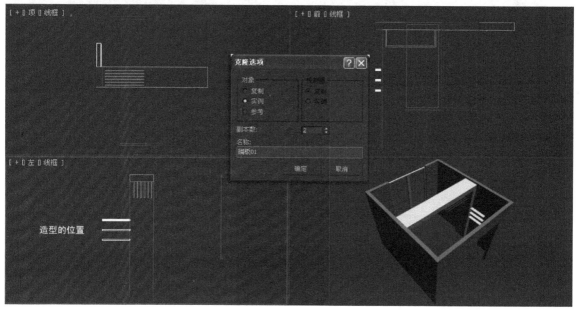

图19.25 复制

19.3.3 创建其他事物

01 单击 矩形 按钮，在前视图中绘制一个大小为130mm×1380mm的矩形，命名为"吧台底"，然后在修改器列表下选择【挤出】修改器，设置其参数，如图19.26所示。

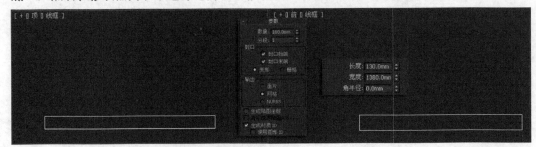

图19.26 挤出

02 按照上述的方法，在前视图中绘制一个大小为500mm×1380mm的矩形，命名为"吧台底A"，然后在修改器列表下选择【挤出】修改器，如图19.27所示。

图19.27 挤出

03 单击 矩形 按钮，在顶视图中创建一个大小为500mm×1230mm的矩形，命名为"吧台"，如图19.28所示。

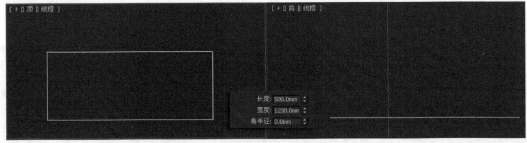

图19.28 绘制矩形

04 在视图中选中"吧台"，将其转换为可编辑样条线。激活【顶点】子对象，然后在视图中选中如图19.29所示的顶点。

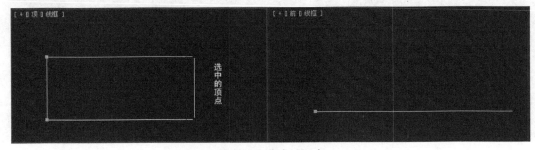

图19.29 选中的顶点

05 在【几何体】卷展栏下单击 圆角 按钮，设置圆角值为105mm，如图19.30所示。

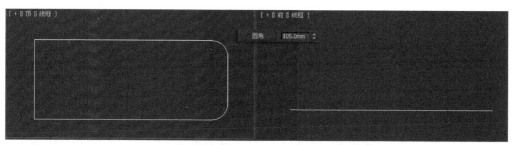

图19.30 圆角

06 确认"吧台"处于选中的状态，在修改器列表下选择【倒角】修改器，设置其参数，如图19.31所示。

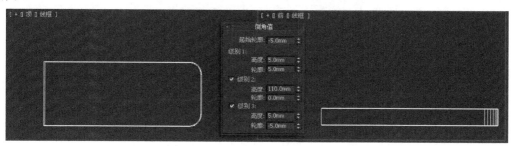

图19.31 倒角

07 单击 矩形 按钮，在前视图中绘制一个大小为105mm×45mm的参考矩形，然后单击 线 按钮，在前视图中绘制一条曲线，并将其命名为"酒杯"，如图19.32所示。

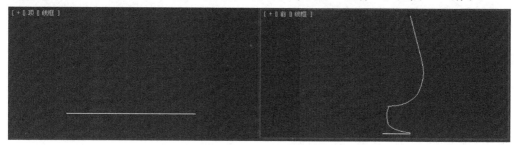

图19.32 绘制的曲线

08 将参考矩形删除。在视图中选中"酒杯"，在修改器列表下选择【车削】修改器，设置具体参数，如图19.33所示。

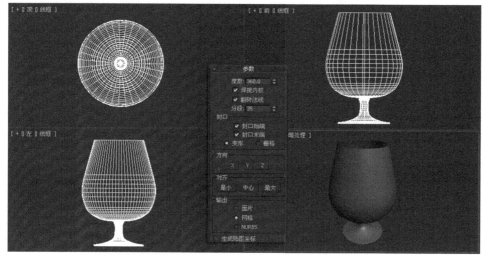

图19.33 车削

09 在修改器列表下选择【壳】修改器，设置其参数，如图19.34所示。

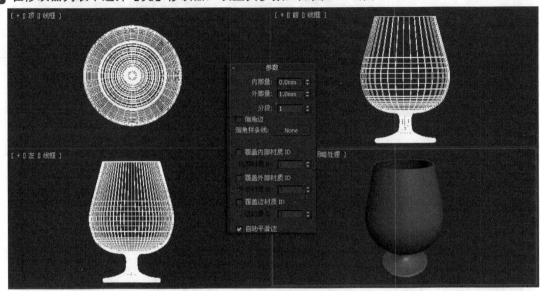

图19.34　壳

10 按住键盘上的Shift键单击拖曳，将"酒杯"复制五个，并在视图中调整造型的位置，效果如图19.35所示。

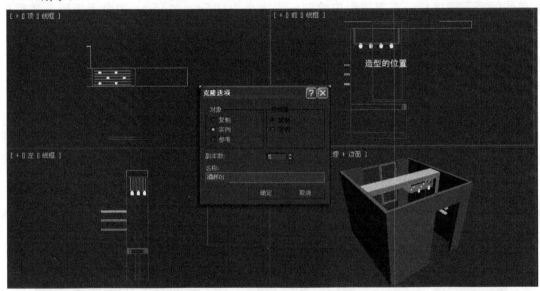

图19.35　复制

11 单击 矩形 按钮，在顶视图中绘制一个大小为195mm×90mm的矩形，然后在修改器列表下选择【倒角】修改器，并将其命名为"装饰板"，设置其参数，如图19.36所示。

图19.36　倒角

12 在视图中选中"装饰板",单击工具栏中 （镜像）按钮,设置参数,如图19.37所示。

图19.37 创建"装饰板"

13 单击 圆柱体 按钮,在顶视图中创建一个圆柱体,命名为"筒灯",设置其参数,如图19.38 所示。

图19.38 创建"筒灯"

14 在视图中选中"筒灯",按住键盘上的Shift键单击拖曳,将"筒灯"复制一个,并调整造型的 位置,如图19.39所示。

图19.39 复制

15 在视图中选中"装饰板"和"筒灯",执行【组】/【成组】命令,将选中的对象群组,命名 为"筒灯"。

16 按照上述的方法,将群组的"筒灯"复制一个,并在视图中调整造型的位置,效果如图19.40 所示。

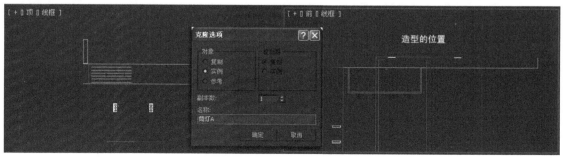

图19.40 造型的位置

17 单击 管状体 按钮，在顶视图中创建一个管状体，命名为"灯罩"，设置具体参数，如图19.41所示。

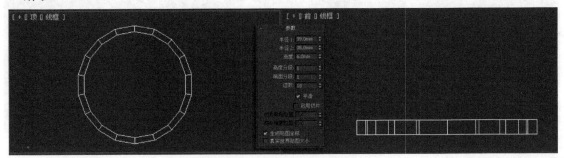

图19.41　创建"灯罩"

18 单击 圆柱体 按钮，在顶视图中创建一个圆柱体，命名为"筒灯"，设置具体参数，如图19.42所示。

图19.42　创建"筒灯"

19 在视图中调整"灯罩"和"筒灯"的位置，执行【组】/【成组】命令。按住键盘上的Shift键单击拖曳，复制四个"筒灯"，并调整造型的位置，如图19.43所示。

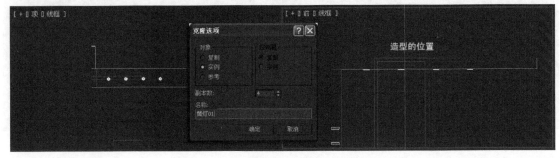

图19.43　复制

20 单击 长方体 按钮，在前视图中创建一个长方体，命名为"底"，设置具体参数，如图19.44所示。

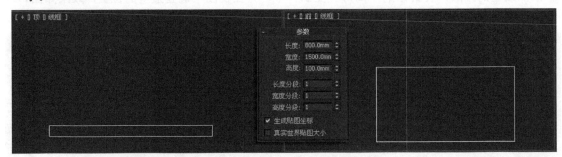

图19.44　创建长方体

21 至此，厨房空间模型的搭建已经全部制作完成。

19.4 调制材质

本课所表现的是现代简洁式厨房设计，体现了厨房的现代感和欢快感，如图19.45所示。

图19.45 材质效果

01 继续前面的操作。单击工具栏中的 （渲染设置）按钮，打开【渲染设置】对话框，然后将V-Ray指定为当前渲染器。

02 单击工具栏中的 （材质编辑器）按钮，打开【材质编辑器】窗口，选择一个空白材质球，命名为"马赛克"，在【贴图】卷展栏下单击【漫反射】后的 None 按钮，在弹出的【材质 / 贴图浏览器】对话框中选择【平铺】选项，如图19.46所示。

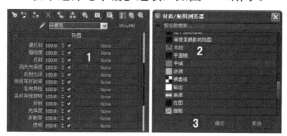

图19.46 参数设置

03 展开【高级控制】卷展栏，单击 None 按钮，在弹出的【材质 / 贴图浏览器】中选择【位图】选项，然后在【选择位图图像文件】对话框中选择随书光盘中的Maps/H16049.jpg位图文件，如图19.47所示。

04 在视图中选中"墙体"、"底"，单击 按钮，将材质赋予选中的造型，然后在修改器列表下选择【UVW贴图】修改器，设置具体参数，如图19.48所示。

图19.47 选择位图文件

图19.48 UVW贴图

05 选择一个新的材质示例球，将其指定为VRayMtl，命名为"木条"，设置其参数，如图19.49所示。

图19.49 参数设置

06 在【贴图】卷展栏下单击【漫反射】后的 None 按钮，在弹出的【材质 / 贴图浏览器】对话框中选择【位图】选项，在弹出的【选择位图图像文件】对话框中选择随书光盘中的Maps/105.jpg位图文件，如图19.50所示。

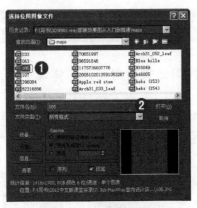

图19.50　位图图像文件

07 在视图中选中"装饰墙"、"装饰墙A"、"搁板"，单击■按钮，将材质赋予选中的造型。在修改器列表下选择【UVW贴图】修改器，设置具体参数，如图19.51所示。

图19.51　UVW贴图

08 选择一个新的材质示例球，并将其命名为"地板"，将材质指定为VRayMtl，设置其参数，如图19.52所示。

图19.52　参数设置

09 按照上述的方法，在【贴图】卷展栏下单击【漫反射】后的 None 按钮，在【材质/贴图浏览器】对话框中选择

【位图】选项，最后在【选择位图图像文件】对话框中选择随书光盘中的Maps/62316866.jpg位图文件，如图19.53所示。

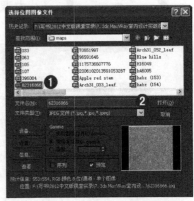

图19.53　选择位图图像文件

10 在视图中选中"地面"，单击■按钮，将材质赋予选中的造型。在修改器列表下选择【UVW贴图】修改器，设置具体参数，如图19.54所示。

图19.54　UVW贴图

11 选择一个新的材质示例球，将材质指定为VRayMtl，命名为"天花板"。设置具体参数，如图19.55所示。

图19.55　参数设置

12 在视图中选中"天花板"，单击■按钮，将

材质赋予选中的造型。

13 选择一个新的材质示例球，将材质指定为 VRayMtl，命名为"橱柜"，设置具体参数，如图19.56所示。

图19.56 设置参数

14 按照上述的方法，在弹出的【选择位图图像文件】对话框中，选择随书光盘中的 Maps/063.jpg位图文件，如图19.57所示。

图19.57 选择位图文件

15 在【贴图】卷展栏下单击【反射】后的 None 按钮，在弹出的【材质/贴图浏览器】对话框中选择【衰减】选项，如图19.58所示。

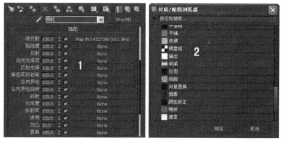

图19.58 衰减

16 确认"吧台底"处于选中的状态，在修改器列表下选择【UVW贴图】修改器，设置其参数，如图19.59所示。

图19.59 UVW贴图

17 至此，"橱柜"材质已经制作完成。在视图中选中"吧台底"，单击 按钮，将材质赋予选中的造型。

18 选择一个新的材质示例球，将其指定为 VRayMtl，命名为"门窗套"，设置具体参数，如图19.60所示。

图19.60 参数设置

19 在【贴图】卷展栏下单击【漫反射颜色】后的 None 按钮，在弹出的【材质/贴图浏览器】对话框中选择【位图】选项，然后在【选择位图图像文件】对话框中选择随书光盘中的Maps/033.jpg位图文件，如图19.61所示。

图19.61 选择位图图像文件

20 在修改器列表下选择【UVW贴图】修改器，设置其参数，如图19.62所示。

图19.62　UVW贴图

21 至此，"门窗套"材质已经制作完成，在视图中选中"吧台A"，单击 按钮，将材质赋予选中的造型。

22 选择一个新的材质示例球，将其指定为VRayMtl，命名为"窗框"，设置其参数，如图19.63所示。

图19.63　参数设置

23 至此，"窗框"材质已经制作完成了，在视图中选中"窗框"，单击 按钮，将材质赋予选中的造型。

24 选择一个新的材质示例球，命名为Wine Glass，设置具体参数，如图19.64所示。

25 在【贴图】卷展栏下单击【反射】后的 None 按钮，在弹出的【材质/贴图浏览器】对话框中选择【衰减】选项，如图19.65所示。

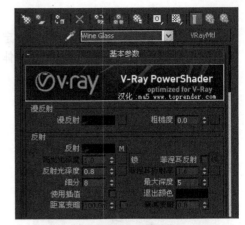

图19.64　参数设置

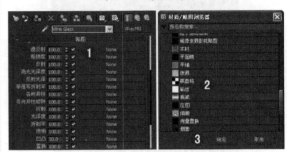

图19.65　衰减

26 在【贴图】卷展栏下单击【环境】后的 None 按钮，在弹出的【材质/贴图浏览器】对话框中选择VR-HDRI选项，如图19.66所示。

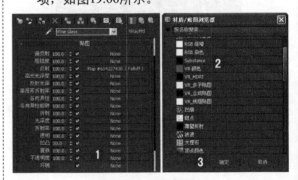

图19.66　VR-HDRI

27 在【参数】卷展栏中设置其参数，如图19.67所示。

图19.67　设置参数

28 在视图中选中"酒瓶"，单击 ![button] 按钮，将材质赋予选中的造型。

29 选择一个新的材质示例球，命名为"台面"，设置具体参数，如图19.68所示。

图19.68 参数设置

30 在【贴图】卷展栏下单击【漫反射】后的 ![None] 按钮，在弹出的【材质】/ 贴图浏览器】对话框中选择【位图】选项，在【选择位图图像文件】对话框中选择随书光盘中的Maps/h46005.jpg位图文件，如图19.69所示。

31 在修改器列表下选择【UVW贴图】修改

器，设置其参数，如图19.70所示。

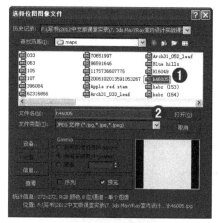

图19.69 选择位图文件

图19.70 UVW贴图

19.5 模型调入丰富空间

厨房中的主体橱柜组合已经创建完成，下面将调入餐桌椅组合及部分厨具等模型，使空间更丰富。调入模型后的效果，如图19.71所示。

图19.71 调入模型后的效果

01 继续前面的操作，执行 ![icon] /【导入】/【合

并】命令，在弹出的【合并文件】对话框中，选择并打开随书光盘中的"模型"/"第19课"/"厨房厨具.max"文件，如图19.72所示。

图19.72 合并命令

02 在弹出的对话框中单击 全部(A) 按钮，选中所有的模型部分，将它们合并到场景中，如图19.73 所示。

03 如果合并的模型与场景中的对象名字相同，系统会弹出提示对话框，如图19.74所示。单击 自动重命名 按钮，为合并进来的对象自动重命名。

04 如果合并的模型与场景中的材质名字相同，系统会弹出提示对话框，如图19.75所示。单击 自动重命名合并材质 按钮，为合并进来的对象自动重命名。

图19.73 合并所有模型部分

图19.74 重命名对象

图19.75 重命名对象

05 在视图中调整合并后造型的位置，如图19.76所示。

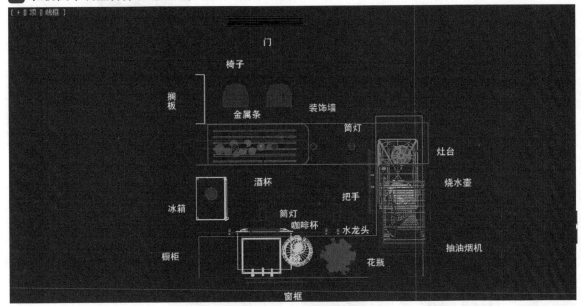

图19.76 调整造型的位置

19.6 设置摄影机

本节讲述的是厨房摄影机的设置，通过参数的设置及剪切平面，使厨房效果更理想。

01 单击创建面板中的 （摄影机） / 目标 按钮，在顶视图中创建一个摄影机，如图19.77所示。

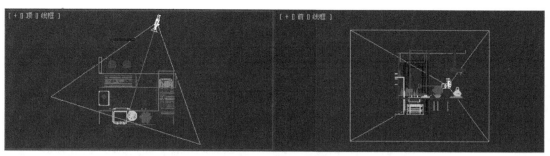

图19.77 创建摄影机

02 选中摄影机，在【参数】卷展栏下设置其参数，如图19.78所示。

03 在【参数】卷展栏下勾选"手动剪切"选项，并设置其参数，如图19.79所示。

图19.78 参数设置

图19.79 参数设置

04 激活透视图，按键盘上的C键，将其转换为相机视图，如图19.80所示。

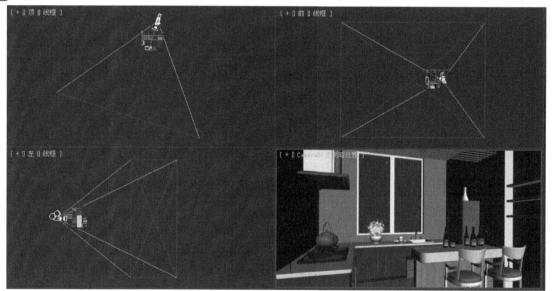

图19.80 相机视图

至此，摄影机已经设置完成了。

19.7 设置灯光

本课所模拟的是夜晚的光线效果，主要是室外灯光照射室内空间，以及室内筒灯灯光，这种光照效果经常用于夜晚厨房的效果。

01 单击 ◀ / VR.ay ▾ / VR_光源 按钮，在前视图中创建一盏【VR-光源】，命名为 "天光"，用于模拟夜晚室外投射进来的光线，设置其参数，如图19.81所示。

02 在视图中调整灯光的位置，如图19.82所示。

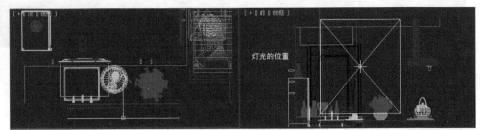

图19.81　设置参数　　　　　　　　　　图19.82　调整灯光的位置

03 按住键盘上的Shift键单击拖曳，在视图中复制一盏 "天光"，设置其参数，如图19.83所示。

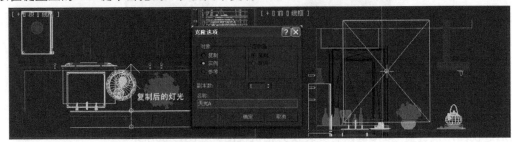

图19.83　复制

04 单击工具栏中的 ■ （渲染）按钮，渲染观察设置 "天光" 后的效果，如图19.84所示。

图19.84　渲染效果

05 单击 VR_光源 按钮，在顶视图中创建一盏【VR-光源】，命名为 "补光"，如图19.85所示。

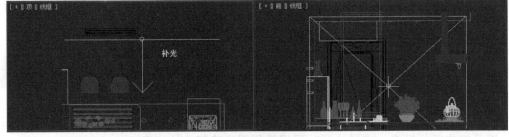

图19.85　创建灯光

06 在【参数】卷展栏中设置其参数，如图19.86所示。

07 单击工具栏中 （渲染）按钮，渲染观察设置"补光"后的效果，如图19.87所示。

图19.86　参数设置

图19.87　渲染效果

08 单击 VR_光源 按钮，在顶视图中创建一盏【VR-光源】，命名为"灯带灯光"，如图19.88所示。

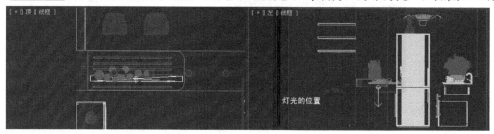

图19.88　创建灯光

09 单击工具栏中 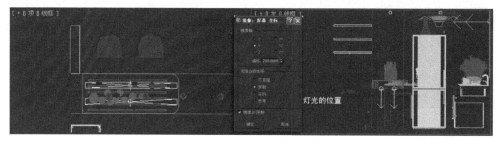（镜像）按钮，在视图中镜像复制一盏"筒灯灯光"，设置其参数，如图19.89所示。

图19.89　调整灯光的位置

10 单击工具栏中的 ■（渲染）按钮，渲染观察设置"筒灯灯光"后的效果，如图19.90所示。

图19.90　渲染效果

11 单击 ◀ / 光度学 ▼ / 目标灯光 按钮，在前视图中创建一盏【目标灯光】，命名为"筒灯灯光"，如图19.91所示。

图19.91　创建灯光

12 设置灯光的参数，如图19.92所示。

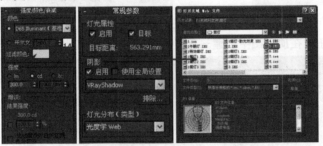

图19.92　设置参数

13 在视图中选中"筒灯灯光"，按住键盘上的Shift键单击拖曳，复制灯光，设置具体参数，如图19.93所示。

图19.93　复制灯光

14 单击工具栏中的 ▣（渲染）按钮，渲染观察设置"筒灯灯光"后的效果，如图19.94所示。

图19.94　渲染效果

19.8 渲染输出

材质和灯光设置完成后，需要进行渲染输出。渲染输出的过程是计算模型、材质及灯光的参数生成最终效果图的过程。本节以厨房为例，介绍效果图的渲染输出方法。

01 打开材质编辑器，选中"地板"材质，重新调整材质的反射参数，将其设置为较高的数值，如图19.95所示。

图19.95 参数设置

02 使用同样的方法处理"木条"、"橱柜"、"台面"的反射效果较为明显的材质，在此不再赘述。

03 单击工具栏中的 （渲染设置）按钮，在打开的【渲染设置】对话框中，在【公用】选项卡中设置一个较小的渲染尺寸，例如640×480。

04 在【VR-间接照明】选项卡中设置光子图的质量，此处的参数设置要以质量为优先考虑因素，如图19.96所示。

图19.96 参数设置

05 单击对话框中的 按钮渲染厨房视图，渲

染结束后系统自动保存光子图文件。调用光子图文件，如图19.97所示。

图19.97 调用光子图

06 在【VR-基项】选项卡中设置一个精度较高的抗锯齿方式，如图19.98所示。

07 在【公用】选项卡中设置一个较大的渲染尺寸，例如3000×2250。单击对话框中的 按钮渲染客厅，得到最终效果。

图19.98 抗锯齿方式

08 渲染结束后，单击渲染对话框中的 按钮保存文件，选择TIF文件格式，并保存Alpha通道。

至此，效果图的前期已经全部制作完成了。

19.9 后期处理

使用3ds Max渲染生成的效果图在亮度、颜色方面可能会有所偏差，这就需要使用Photoshop进行最后的润色和修改。效果图的后期处理还包括添加一些装饰性的构件，如绿植等。本节以厨房效果图的后期处理为例，介绍效果图的后期处理方法。

01 在桌面上双击 图标，启动Photoshop CS5应用程序。

02 执行【文件】/【打开】命令，打开前面渲染保存的"厨房.tif"文件，如图19.99所示。

图19.99 打开文件

03 选中"背景层"，双击鼠标左键，使"背景"层变成"图层0"，如图19.100所示。

图19.100 图层

04 按住键盘上的Ctrl键，在【通道】面板中单击Alpha1通道，如图19.101所示。

图19.101 选中Alpha通道

05 执行【选择】/【反向】
命令，按键盘上的Delete
键，删除窗户中黑色部
分，如图19.102所示。

图19.102　删除

06 按快捷键Ctrl+D取消选区。
执行【文件】/【打开】
命令，在【打开】对话
框中选择随书光盘中的
Maps/"厨房窗景.jpg"
位图文件，如图19.103
所示。

图19.103　打开位图文件

07 打开"厨房窗景"位图文
件后，如图19.104所示。

图19.104　位图文件

08 在工具箱中选择 "移动工具"，按住鼠标左键不放，将"厨房窗景"拖动到"厨房.tif"文件中，如图19.105所示。

图19.105　拖动位图文件

09 执行【编辑】/【自由变换】命令，如图19.106所示。

图19.106　自由变换

10 按住键盘上的Shift键，将"窗景"缩小至合适的大小，并旋转"厨房窗景"，使窗景大小更合适，如图19.107所示。

图19.107　缩小位图文件

11 选中"图层1",单击鼠标左键不放,将"图层1"向下拖动,使"图层1"在"图层0"的下方,如图19.108所示。

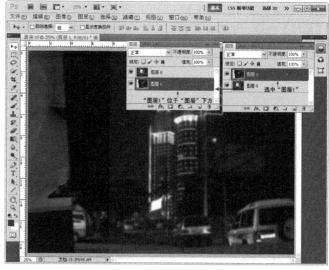

图19.108 调整图层位置

12 在视图中选中"图层1",执行【滤镜】/【模糊】/【高斯模糊】命令,设置具体参数,如图19.109所示。

图19.109 高斯模糊

13 在"图层"面板中同时选中"图层0"和"图层1",单击鼠标右键,在弹出的快捷菜单中选择【拼合图像】选项,如图19.110所示。

图19.110 拼合图像

14 执行【图像】/【调整】/【曲线】命令，调整图像的亮度，如图19.111所示。

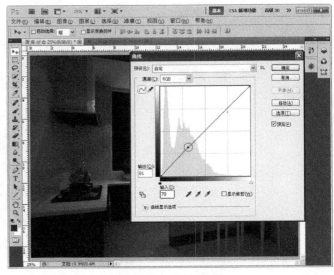

图19.111　调整亮度

15 执行【图像】/【调整】/【色阶】命令，调整色阶，如图19.112所示。

图19.112　调整色阶

16 选中工具箱中的 "椭圆选框工具"，选中效果图的中间部分，如图19.113所示。

图19.113　选择范围

17 执行【选择】/【修改】/【羽化】命令,羽化选区,如图19.114所示。

图19.114 羽化选区

18 按快捷键Ctrl+Shift+I,反选选区,调整选区的曲线,如图19.115所示。

图19.115 调整曲线

19 执行【滤镜】/【锐化】/【锐化】命令,锐化图像,如图19.116所示。至此,卧室效果图的后期处理全部完成。

图19.116 锐化图像

19.10 课后练习

1．卧室给人一种温馨、舒适的感觉，加上夜景 灯光，更能体现夜晚的卧室更宁静、舒适，卧室的参考效果，如图19.117所示。

图19.117　参考效果

2．会议室后期处理。